编 委

郝文杰	全国民航职业教育教学指导委员会副秘书长、中国民航管理干部学院副教授
江丽容	全国民航职业教育教学指导委员会委员、国际金钥匙学院福州分院院长
林增学	桂林旅游学院旅游学院党委书记
丁永玲	武汉商学院旅游管理学院教授
史金鑫	中国民航大学乘务学院民航空保系主任
刘元超	西南航空职业技术学院空保学院院长
杨文立	上海民航职业技术学院安全员培训中心主任
范月圆	江苏航空职业技术学院航空飞行学院副院长
定 琦	郑州旅游职业学院现代服务学院副院长
黄 华	浙江育英职业技术学院航空学院副院长
王姣蓉	武汉商贸职业学院现代管理技术学院院长
毛颖善	珠海城市职业技术学院旅游管理学院副院长
黄华勇	毕节职业技术学院航空学院副院长
魏 日	江苏旅游职业学院旅游学院副院长
吴 云	上海旅游高等专科学校外语学院院长
穆广宇	三亚航空旅游职业学院民航空保系主任
田 文	中国民航大学乘务学院民航空保系讲师
汤 黎	武汉职业技术学院旅游与航空服务学院副教授
江 群	武汉职业技术学院旅游与航空服务学院副教授
汪迎春	浙江育英职业技术学院航空学院副教授
段莎琪	张家界航空工业职业技术学院副教授
王勤勤	江苏航空职业技术学院航空飞行学院副教授
覃玲媛	广西蓝天航空职业学院航空管理系主任
付 翠	河北工业职业技术大学空乘系主任
李 岳	青岛黄海学院空乘系主任
王观军	福州职业技术学院空乘系主任
王海燕	新疆职业大学空中乘务系主任
谷建云	湖南女子学院管理学院副教授
牛晓斐	湖南女子学院管理学院讲师

高等职业学校航空运输类专业新形态系列教材

民航客舱安保处置沟通技巧

主　编◎武文燕　刘元超
副主编◎王子翔　李颢宇　金良奎　王　旭

华中科技大学出版社
http://press.hust.edu.cn
中国·武汉

内容简介

《民航客舱安保处置沟通技巧》以培养航空安全员的职业能力为核心,以实际工作为主线,采用项目化教学模式,以航空安全员的主要工作场景为框架,精心设计了课程内容,旨在提升航空安全员在客舱各种情境下的沟通能力。本书从日常沟通技巧与策略,到航空器客舱扰乱行为处置沟通,再到重大案(事)件处置沟通,每个项目都紧密结合航空安全员的工作实际,确保了学习内容的针对性和实用性。

本书通过任务驱动的教学方法,结合实际案例,不仅为航空安全专业的学生提供了一份系统的学习材料,也为在职航空安全员提供了一本实用的工作指导手册。读者通过学习本书内容,将能够在真实的工作场景中,更有效地运用沟通技巧,应对各种挑战,确保客舱安全和秩序,从而提升自身的职业素养和工作能力。

图书在版编目(CIP)数据

民航客舱安保处置沟通技巧/武文燕, 刘元超主编. -- 武汉: 华中科技大学出版社, 2024.12.
ISBN 978-7-5772-1305-7

Ⅰ. V328

中国国家版本馆CIP数据核字第20242UW463号

民航客舱安保处置沟通技巧　　　　　　　　　　　　　　　　　武文燕　刘元超　主编
Minhang Kecang Anbao Chuzhi Goutong Jiqiao

策划编辑:胡弘扬

责任编辑:洪美员

封面设计:廖亚萍

责任校对:李　琴

责任监印:周治超

出版发行:华中科技大学出版社(中国•武汉)　　　电话:(027)81321913
　　　　　武汉市东湖新技术开发区华工科技园　　　邮编:430223

录　　排:孙雅丽

印　　刷:武汉科源印刷设计有限公司

开　　本:787mm×1092mm　1/16

印　　张:12.25

字　　数:285千字

版　　次:2024年12月第1版第1次印刷

定　　价:49.80元

本书若有印装质量问题,请向出版社营销中心调换
全国免费服务热线:400-6679-118　　竭诚为您服务
版权所有　侵权必究

INTRODUCTION 出版说明

民航业是推动我国经济社会发展的重要战略产业之一。"十四五"时期,我国民航业将进入发展阶段转换期、发展质量提升期、发展格局拓展期。2021年1月在北京召开的全国民航工作会议指出,"十四五"末,我国民航运输规模将再上一个新台阶,通用航空市场需求将被进一步激活。这预示着我国民航业将进入更好、更快的发展通道。而我国民航业的快速发展模式,也对我国民航教育和人才培养提出了更高的要求。

2021年3月,中国民用航空局印发《关于"十四五"期间深化民航改革工作的意见》,明确了科教创新体系的改革任务,要做到既面向生产一线又面向世界一流。在人才培养过程中,教材建设是重要环节。因此,出版一套把握新时代发展趋势的高水平、高质量的规划教材,是我国民航教育和民航人才建设的重要目标。

基于此,华中科技大学出版社作为教育部直属的重点大学出版社,为深入贯彻习近平总书记对职业教育工作作出的重要指示,助力民航强国战略的实施与推进,特汇聚一大批全国高水平民航院校学科带头人、"双师型"骨干教师以及民航领域行业专家等,合力编写了高等职业学校"十四五"规划民航服务类系列教材。

本套教材以引领和服务专业发展为宗旨,系统总结民航业实践经验和教学成果,在教材内容和形式上积极创新,具有以下特点:

一、强化课程思政,坚持立德树人

本套教材引入"课程思政"元素,树立素质教育理念,践行当代民航精神,将忠诚担当的政治品格、严谨科学的专业精神等贯穿于整个教材,旨在培养德才兼备的民航人才。

二、校企合作编写，理论贯穿实践

本套教材由国内众多民航院校的骨干教师、资深专家学者联合多年从事乘务工作的一线专家共同编写，将最新的企业实践经验和学校教科研理念融入教材，把必要的服务理论和专业能力放在同等重要的位置，以期培养具备行业知识、职业道德、服务理论和服务思想的高层次、高质量人才。

三、内容形式多元化，配套资源立体化

本套教材在内容上强调案例导向、图表教学，将知识系统化、直观化，注重可操作性。华中科技大学出版社为本套教材创建了内容全面的线上教材课程资源服务平台，为师生们提供全系列教学计划方案、教学课件、习题库、案例库、教学视频和音频等配套教学资源，打造了线上线下、课内课外融合的新形态立体化教材。

我国民航业发展前景广阔，民航教育任重道远，为民航事业的发展培养高质量的人才是社会各界的共识与责任。本套教材汇集了来自全国各地的骨干教师和一线专家的智慧与心血，相信其能够对我国民航人才队伍建设、民航高等教育体系优化起到一定的推动作用。

本套教材在编写过程中难免存在疏漏、不足之处，恳请各位专家、学者以及广大师生在使用过程中批评指正，以利于教材质量的进一步提高，也诚挚邀请全国民航院校及行业的专家学者加入我们这套教材的编写队伍，共同推动我国民航高等教育事业不断向前发展。

华中科技大学出版社

2021 年 11 月

PREFACE 前言

在这个快速变化的时代,民航安全已经成为全球关注的焦点。随着航空业的蓬勃发展,保障客舱安全不仅是航空公司的责任,也是每一位航空工作者的使命。有效的沟通技巧在民航客舱安保处置中扮演着至关重要的角色,它能够在紧急情况下挽救旅客和客舱工作人员的生命,维护空中秩序,确保飞行安全。

本书旨在为民航工作者提供实用的沟通策略和技巧。以航空安全员工作内容为导向,针对工作情景的不同阶段和不同状况逐步展开讨论。遵循由浅入深的工作内容安排,项目难度也由简入难,确保读者能够系统地掌握必要的沟通技能。本书内容主要分为三个层次:首先是日常沟通技巧与策略,其次是航空器客舱扰乱行为处置沟通,最后是重大案(事)件处置沟通。通过精心设计的教学情景和案例分析,本书将引导读者深入理解并掌握在各种复杂环境下进行有效沟通的方法。

本书的一个显著特点是行业案例的丰富性和高度匹配性。我们深知,理论知识若脱离实际应用,便难以发挥其应有的价值。因此,本书在编写过程中特别注重案例的选择,力求每一个案例都能够贴近实际工作场景,反映行业的最新动态和挑战。这些案例均来源于真实的民航客舱安保事件,经过专业分析和精心编排,旨在帮助读者更好地掌握沟通技巧在实际工作中的应用。

本书由成都航空职业技术学院武文燕、四川西南航空职业技术学院刘元超担任主编,四川西南航空职业技术学院王子翔和王旭、成都航空职业技术学院金良奎、成都文理学院李颢宇担任副主编,武文燕负责全书提纲并设计编写体例,进行全书统稿,刘元超负责主要部分统稿和审阅。具体分工如下:武文燕编写情境一和情境三的项目十一、项目十二,金良奎编写情境三中的项目十,王旭编写情境二中的项目三,李颢宇编写情境二中的项目四、项目五,王子翔编写情境二中的项目六、项目七、项目八、项目九。

　　本书不仅适用于航空安全专业的学生和教师,也适合作为航空业从业者的参考手册。我们相信,通过学习本书中的内容,读者将能够提升自己进行客舱安保处置时的沟通能力,更好地应对各种挑战和紧急情况。

　　本书在编写过程中,得到了很多同仁的帮助,在此深表感谢。书中若有不足之处,敬请各界人士不吝赐教,我们将虚心接受并不断改进。

编者

2024 年 5 月

视频资源

情境一　日常沟通技巧与策略

项目一　沟通技巧 ··· 3
任务一　认识沟通的重要性 ·· 3
任务二　描述信息沟通模式 ·· 8
任务三　熟悉职业沟通的基本原则 ································ 12

项目二　沟通策略 ··· 17
任务一　掌握上行沟通的策略与技巧 ····························· 17
任务二　运用平行沟通的策略与技巧 ····························· 26
任务三　了解下行沟通的策略与技巧 ····························· 36

情境二　航空器客舱扰乱行为处置沟通

项目三　扰乱行为沟通技巧 ·· 49
任务一　掌握航空安全员非语言表达技巧 ······················· 49
任务二　搭建标准执勤用语框架 ··································· 52

项目四　违规使用手机或其他禁止使用的电子设备的处置沟通 ········ 57
任务一　违规使用通信设备的处置沟通 ·························· 58
任务二　违规使用充电宝的处置沟通 ····························· 60
任务三　违规使用电子设备的处置沟通 ·························· 62

项目五　机上强占座位情况的处置沟通 ······························ 64
任务一　头等舱座位强占行为的处置沟通 ······················· 65
任务二　经济舱座位强占行为的处置沟通 ······················· 67
任务三　机组座位强占行为的处置沟通 ·························· 68

项目六	打架斗殴、寻衅滋事的处置沟通	71
	任务一　机上打架斗殴行为的处置沟通	72
	任务二　机上寻衅滋事行为的处置沟通	74

项目七	使用明火或吸烟的处置沟通	79
	任务一　机上吸电子烟行为的处置沟通	80
	任务二　机上卫生间吸烟行为的处置沟通	82

项目八	故意损坏机上设施设备的处置沟通	89
	任务一　违规开启舱门行为的处置沟通	91
	任务二　故意损坏机上其他设施设备行为的处置沟通	94

项目九	其他扰乱行为的处置沟通	98
	任务一　机上盗窃行为的处置沟通	100
	任务二　机上猥亵及性骚扰的处置沟通	103
	任务三　传播淫秽物品及其他非法印制物行为的处置沟通	105

情境三　重大案(事)件处置沟通

项目十	危情沟通基础	112
	任务一　掌握危情沟通的定义与作用	112
	任务二　清楚危情沟通的类型与原则	117
	任务三　熟悉危情沟通的历史与发展	121

项目十一	心理干预与谈判基础	125
	任务一　掌握国内劫持者心理特征	125
	任务二　分析危机谈判中的心理关系	132
	任务三　熟知客舱谈判基础知识	136

项目十二	劫机事件沟通策略	145
	任务一　识别客舱劫持犯罪行为类型	145
	任务二　陈述客舱危情沟通总体策略	152
	任务三　熟悉反劫持处置关键点	172

参考文献 ······ 181

附录和附件 ······ 182

情境一

日常沟通技巧与策略

 学习目标

- 知识目标

  1. 掌握信息沟通的模式。
  2. 掌握职场日常沟通的策略。

- 能力目标

  1. 了解我们需要沟通的原因。
  2. 理解信息沟通模式的含义。
  3. 根据不同对象、不同场景灵活使用话术模板。

- 思政目标

  1. 培养学生思辨能力,能够明辨是非、不信谣不传谣,独立理性客观分析事物。
  2. 培养学生主动沟通意愿、主动搜集资料的能力。
  3. 引导学生树立社会主义核心价值观,团结协作,换位思考,尊重他人。
  4. 使学生明确民航工作者身份的界定标准,致力于成为具有强烈安全意识和深厚民族家国情怀的民航行业接班人。

思维导图

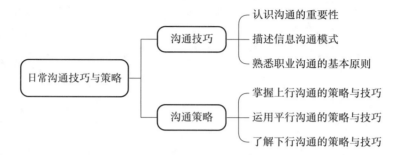

案例导入

在一次飞行任务中,副驾驶对飞行离场产生怀疑,然而他的担忧被机长粗鲁地打断了。这使得副驾驶感到情绪低落,进而选择了回避进一步的交流。在随后的飞行中,机长错误地设定了飞行高度,而副驾驶即便心存疑虑,也不敢再提出异议。

当飞机在恶劣天气条件下进近时,签派员注意到机场的降雨量异常,但由于在上一次进近阶段上传天气信息时遭到机长的粗暴对待,这次他犹豫不决,未能及时更新备降机场的天气状况,从而使机长失去了选择最佳备降点的机会。

在飞机着陆过程中,由于状态不稳,副驾驶试图提醒机长考虑复飞,但只是犹豫地轻声说:"或许我们应该重新拉起。"机长却误以为副驾驶只是紧张过度,没有采纳他的建议,继续强行着陆,最终导致飞机在跑道外硬着陆,造成了严重的损坏。

资料来源 《中国民航报》。

行业精神

1.民航安全从业人员

民航安全从业人员主要包括飞行、乘务、机务维修、空管、运控、机场运行、安保等专业人员,民航院校上述专业在读学生,航校和飞行训练机构教员、学员,民航生产经营单位负有安全管理职责的人员,以及民航行政机关的安全监察人员。

2.优良安全作风

民航优良安全作风以"敬畏生命、敬畏规章、敬畏职责"为基本内涵,主要表现为坚持人民至上、生命至上、忠诚担当,遵章守纪、崇严求实、诚实守信,爱岗敬业、恪尽职守、精益求精,实事求是、真抓实干、团结协作等。

——《民航安全从业人员工作作风长效机制建设指南》(修订版)

(民航规〔2022〕56号)

项目一　沟通技巧

任务一　认识沟通的重要性

请问,你能保持多长时间不和别人沟通?(此处"沟通"包含口头沟通和社交软件沟通)

在这个快节奏的时代,人们越来越倾向于享受独处的时光,甚至有些人自称为"社交恐惧者"(简称"社恐"),更喜欢"宅"在家中。确实,每个人都需要一定程度的独处,以恢复精力和思考问题。然而,独处的需求如果超出了个人的临界点,原本宁静的独处就可能转变为孤独和痛苦。即便一个人不擅长言辞,这种孤独感也会通过其他方式表达出来,比如写作、在社交媒体上分享观点,甚至创造一个虚构的朋友来陪伴自己,就像电影《荒岛余生》中的主角查克一样,用一个排球作为他的"威尔逊"朋友。

实证研究

在一份研究"孤独"的报告中,受试者接受付费,独处于一间上锁的房间中,没有任何的通信设备。5名受试者里只有一人在里面待了8天,3人待了2天,有一名受试者还抱怨道:"别想再有第二次了。"而第五名受试者只待了2个小时。

一、生理需要

相信很多人小时候都曾遭遇过这样的情境:一群孩子聚在一起玩游戏,忽然听到有某个孩子大声说"我们都不要跟他玩"。煽动伙伴进行这种操作的小孩子直觉地意识到,沟通以及他人的陪伴是人类基本的需求之一。也许对于年龄尚小的孩子而言,这只是无意识的玩笑,但那些被孤立过的孩子可能就没那么幸运,他们会留下终生的心理阴影,长大后容易变得怯懦自卑、难以融入集体进行社交,还可能出现厌学、抑郁、厌世、自残的倾向。

医学研究揭示了一系列由于缺乏亲密关系而可能对健康构成的风险,具体表现如下。

(1)人际关系的缺失对冠状动脉健康的负面影响,与吸烟、高血压、血脂异常、过度肥胖或缺乏运动等因素的危害程度相当。

(2)社交孤立的人群比那些拥有丰富社交网络的人患感冒的概率高出4倍。

(3)与那些拥有紧密社会联系的人相比,社交孤立者早逝的可能性是其2—3倍。

(4)相关调查显示,70岁之前经历离婚的男性,相较于未离婚的男性,因疾病导致的死亡风险更高:他们患心脏病、癌症或中风的风险是后者的2倍;因高血压死亡的风险是后者的2倍,自杀风险是后者的5倍,因肝硬化死亡的风险是后者的7倍;因结核病死亡的风险比后者高达10倍。

(5) 离婚的男性和女性,与未离婚的相比,患各种癌症的风险是后者的5倍。

(6) 当个体经历亲密关系的丧失时,死亡风险随之上升。在英国威尔士的一个村庄中,那些经历了亲密关系丧失的村民,在一年内死亡的风险是未经历此类丧失的村民的5倍。

这些研究成果强调了拥有满意的人际关系对于健康的重要性。人际交流对于我们的健康至关重要,是生活中不可或缺的一部分。

二、认同需求

沟通不仅是我们理解自身的重要途径,更是我们构建自我认同的关键手段。我们的自我认知并非孤立形成,而是在与他人的交流互动中逐渐塑造出来的。无论我们自认为聪明或时尚,这些特质的确认并非单靠自我反思就能获得,而是通过他人对我们行为与外表的反应来反映和确认的。

自我认同的构建是一个社会化的过程,我们通过他人的反馈与评价来调整和认识自己。如果这一沟通渠道被切断,我们将失去一个重要的自我发现和自我定义的途径,从而难以全面地了解自己的身份和价值。

案 例

阿韦龙的狼童

1800年1月,一个小男孩在法国一个村落的菜园中偷挖蔬菜时被人发现。他的行为举止完全不像人类,也不会说话,只会发出一些奇特的哭叫声。虽然他缺乏社交技能,但更值得注意的是,他缺乏身为人类的自我认同。研究人员罗格-沙图写道:"这个男孩没有任何身为人类的自觉,他完全没有意识到,自己是一个和别人有所联结的人。"后来,在给了他足够的"母爱"之后,小男孩才开始转变成如我们所想的,意识到自己身为人的部分。

阿韦龙的狼童的故事说明,每个人在出生时似乎都没有或只有极少量的自我认同感,在后续的成长过程中,我们需要通过观察别人如何诠释我们进而明晰"我们自己是谁"。

三、社交需求

海明威说过:"每个人都不是一座孤岛。"人类天生具有社会属性,我们的日常活动围绕着不同的社交圈层展开,如家庭、职场、学校等。在这些社交圈中与他人的互动质量,显著地影响着我们的情绪状态。人际沟通的有效性与幸福感之间存在着密切的联系。

在一项涉及超过200名大学生的研究中,调查人员发现,那些幸福感最强的10%的个体,普遍认为自己拥有充实的社交生活。值得注意的是,这些幸福感较高的学生在诸如睡眠时间、运动频率、电视观看时间、宗教活动参与度、饮酒量等可观察的行为习惯上,与其他学生并没有显著差异。

另一项研究指出,女性将社交活动视为生活中满意度的重要来源,其重要性甚至超过了放松、购物、饮食、运动、观看电视或玩电子产品等其他活动。这表明,社交需求的满足对于提升生活质量具有不可替代的作用。

四、实际目标

在日常生活的诸多方面,沟通不仅是人际交往的基本方式,更是人际交往的一种至关重要的工具。无论是参加入学面试、进行求职述职,还是从事销售和市场营销工作,沟通都扮演着不可或缺的角色。

拥有良好的沟通能力使我们能够有效地表达自己的想法、理解他人的观点,并建立起信任和合作。在关键的社交场合,如面试和商务洽谈中,良好的沟通技巧可以帮助我们更好地展示自己的优势,理解对方的需求,从而提高成功的概率。

此外,沟通也是解决问题和冲突、促进团队协作、推动项目进展的关键。它使我们能够在不同的情境中灵活应对,实现个人和职业目标。因此,培养和提升沟通技巧,对于实现我们的日常生活和职业发展的实际目标至关重要。

案 例

张仪的"三寸不烂之舌"

战国时期,魏国的张仪有一次受邀参加楚国宰相的宴会,等宴会结束后,楚相却发现自己最贵重的玉璧不见了。

这个时候,有一个侍从就猜测说玉璧应该是张仪拿走了,说张仪又穷又行为不端,必定是他偷的。于是,楚相便派人将张仪抓了起来,二话不说严刑拷打。张仪保持了一个知识分子的高傲尊严,任凭他人屈辱拷打,自己坚决不承认做过这种卑鄙的事情。

张仪被打得半死之后放回家中,他的妻子看到丈夫被打成这个样子,不免伤心地痛哭,谁知道张仪最先做的不是安慰妻子,也不为自己的喊冤,而是问妻子"不要哭,不要哭,看我的舌头还在不在?"这一问,妻子也被逗笑了,说道:"舌头还在你口里。"张仪说:"还在就好。"

后来,张仪也是凭着他惊人的口才和政治才能,为秦国的统一大业做出了卓越的贡献。演变至今,人们用"三寸不烂之舌"来比喻只要舌头不烂,就能凭借语言说服他人。

实操训练

下面是一组沟通能力的小测试,请选择一项适合你的情形。(单选题)

1. 在说明自己的重要观点,别人却不想听你说时,你会(　　)。

   A. 马上气愤地走开

   B. 不说了,但可能会很生气

   C. 等等看还有没有说的机会

   D. 仔细分析对方不想听自己说话的原因,找机会换一种方式去说

2. 去参加老同学的婚礼回来,你很高兴,而你的朋友对婚礼的情况很感兴趣,这时你会告诉她(他)(　　)。

   A. 详细述说从你进门到离开时所看到和感觉到的以及相关细节

   B. 说些自己认为重要的

   C. 朋友问什么就答什么

   D. 感觉很累了,没什么好说的

3. 你正在主持一个重要的会议,而你的一个下属却在玩弄他的手机并有声音干扰会议现场,这时你会(　　)。

   A. 幽默地劝告下属不要玩手机

   B. 严厉地叫下属不要玩手机

   C. 装作没看见,任其发展

   D. 给那位下属难堪,让其下不了台

4. 你正在跟老板汇报工作时,你的助理急匆匆跑过来说你一个重要客户的长途电话,这时你会(　　)。

   A. 说你在开会,稍后再回电话过去

   B. 向老板请示后,去接电话

   C. 说你不在,叫助理问对方有什么事

   D. 不向老板请示,直接跑去接电话

5. 去与一个重要的客人见面,你会(　　)。

   A. 像平时一样随便穿着

   B. 只要穿得不要太糟就可以了

   C. 换一件自己认为很合适的衣服

   D. 精心打扮一下

6. 你的一位下属已经连续两天下午请了事假,第三天上午快下班的时候,他又拿着请假条过来说下午要请事假,这时你会(　　)。

   A. 详细询问对方因何要请假,视原因而定

   B. 告诉他今天下午有一个重要的会议,不能请假

   C. 你很生气,什么都没说就批准了他的请假

   D. 你很生气,不理会他,不批假

7. 你刚应聘到一家公司就任部门经理,上班不久,你了解到本来公司中就有几个同事

想就担任你的职位,老板不同意,才招了你。对这几位同事你会(　　)。

A. 主动认识他们,了解他们的长处,争取成为朋友

B. 不理会这个问题,努力做好自己的工作

C. 暗中打听他们,了解他们是否具有与你进行竞争的实力

D. 暗中打听他们,并找机会为难他们

8. 与不同身份的人讲话,你会(　　)。

A. 对身份低的人,你总是漫不经心地说

B. 对身份高的人说话,你总是有点紧张

C. 在不同的场合,你会用不同的态度与之讲话

D. 不管是什么场合,你都是一样的态度与之讲话

9. 你在听别人讲话时,你总是会(　　)。

A. 对别人的讲话表示兴趣,记住所讲的要点

B. 请对方说出问题的重点

C. 对方老是讲些没必要的话时,你会立即打断他

D. 对方不知所云时,你就很烦躁,就去想或做别的事

10. 在与人沟通前,你认为比较重要的是应该了解对方的(　　)。

A. 经济状况、社会地位

B. 个人修养、能力水平

C. 个人习惯、家庭背景

D. 价值观念、心理特征

评分方法:

题号为1、5、8、10者,选A得1分、选B得2分、选C得3分、选D得4分;其余题号选A得4分、选B得3分、选C得2分、选D得1分;将10道测验题的得分加起来,就是你的总分。

结果分析:

总分为10—20分:因为你经常不能很好地表达自己的思想和情感,所以你也经常不被别人所了解;许多事情本来是可以很好地解决的,正是你采取了不适合的方式,所以有时把事情弄得越来越糟;但是,只要你学会控制好自己的情绪、改掉一些不良的习惯,你随时可能获得他人理解和支持。

总分为21—30分:你懂得一定的社交礼仪,尊重他人;你能通过控制自己的情绪来表达自己,并能实现一定的沟通效果;但是,你缺乏高超的沟通技巧和积极的主动性,许多事件只要你继续努力一点,你就可以大功告成的。

总分为31—40分:你很稳重,是控制自己情绪的高手,所以,他人一般不会轻易知道你的底细;你能不动声色地表达自己,有很好的沟通技巧和人际交往能力;只要你能明确地意识到自己性格的不足,并努力优化之,定能取得更好的成绩。

在线答题

问答题

对你自身而言,沟通更多的是满足哪些方面的需求?试举例说明。

任务二　描述信息沟通模式

案例

秀才买柴

有一个秀才去买柴，他对卖柴的人说："荷薪者（担柴的人）过来！"卖柴的人听不懂"荷薪者"这三个字，但是听得懂"过来"两个字，于是把柴担到秀才前面。

秀才问他："其价如何？"卖柴的人听不太懂这句话，但是听得懂"价"这个字，于是就告诉秀才价钱。秀才接着说："外实而内虚，烟多而焰少，请损之。"（你的木材外表是干的，里头却是湿的，燃烧起来，会浓烟多而火焰小，请减些价钱吧。）卖柴的人因为听不懂秀才的话，于是担着柴就走了。

沟通对于每个人的各方面都非常重要，那么如何正确地传达我们的本意就显得至关重要。但是，我们的想法经常被曲解，而我们说的话也经常在别人那里变了味道，这又是为什么呢？

一、信息沟通模式

如图1-1所示的沟通过程，呈现下列沟通要素。

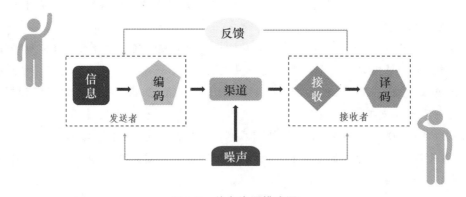

图1-1　信息沟通模式图

（一）信息

信息是指可传递并被接收方感官捕捉的刺激。信息有两种基本形态：内储形式与外化形式。内储形式信息是暂时或长期保留在大脑中的，而外化形式则通过书籍、文献、磁盘、光盘等形式被记录与符号化。信息涵盖观念、思想和情感，是沟通得以实现的根本。缺少信息，沟通无须渠道也无须解码。信息是沟通的灵魂。

(二)发送者

发送者是指信息的发起方,可以是个人、集体、企业或国家。

(三)编码

编码是指按照特定规则,将欲交流的信息转化为信号。在编码过程中,需选择适当的符号或语言,以适应接收者的理解力和语言习惯,并选择合适的沟通渠道和媒介。不当的编码可能导致接收者理解困难,例如,在不适当的场合使用专业术语或过于正式的语言。

(四)渠道

渠道作为信息传递的物理手段和媒介,是连接发送者与接收者的关键纽带。例如,声音通过空气振动传播,邮件、电话、传真、社交软件等是人们沟通的常用工具,而报纸、书籍、广播、电视、电影和短视频平台则是面向大众的沟通媒介。

(五)接收

接收是指接收者对信息的有意或无意反应。在有效沟通中,接收者的反应与发送者的意图大体是一致的。

(六)接收者

接收者是指信息的接收方,接收方可以是个人、集体、企业或国家。

(七)译码

译码是指将接收到的信号根据特定规则解释、还原为信息。译码可能涉及将信息从一种语言转换为另一种语言,或理解非言语信号,如点头、眨眼的含义。在此过程中,信息被转换、精简、解释、存储、发现和应用。

(八)反馈

反馈是指接收者将自己的理解或反应编码后,通过渠道回传给发送者。

(九)噪声

噪声包括外部噪声,如环境噪声、通信信号弱、网络延迟等,以及交流中的发音错误、书面错别字、不当标点等。同时,接收者的内部噪声也不容忽视,包括生理因素(如疾病、疲劳、听力障碍),以及心理因素(如情绪低落、偏见、对发送者的反感、文化差异)等。

二、信息沟通模式图的启示

(1)在一次信息传递过程中,至少会有两次人为的信息加工,即编码、译码。由于每个人对事情的理解不同,自身所站的角度也不同,所以编码和解码都会朝着各自主观的方向进行,因此有效降低信息失真的一个办法是尽量减少编码、译码过程。这也提醒我们,重要的信息传递最好不要请别人代劳,以免增加编码、译码过程。

(2) 渠道有私密性的,也有公开性的,根据不同信息的不同属性及想要的不同传递效果选择恰当的渠道进行传递会达到事半功倍的效果。

(3) 信息在传递过程中由于噪声是不可避免的,因而对一些主观性较强的信息要保持一定的怀疑态度,未经证实,不要轻易传播。

(4) 理想的沟通几乎是不存在的。例如,编码不认真、信息内容混淆、通道选择不当、噪声过高,或者个人有偏见、知识水平高低不一、解码不认真、注意力不集中等,都有可能造成沟通的失真,使得信息接收者得到的意义与发送者的本意可能相似也可能不同。正是由于沟通的大部分基本要素都有着潜在的造成沟通失真的可能性,所以完美的沟通目标是可望而不可即的。我们只能力求达到有效的沟通,使沟通的失真率达到最低。

◆ 案 例

某媒体的不实引导

2018年10月29日,重庆市万州区一辆22路公交车与一辆女司机驾驶的小轿车相碰撞,在万州长江二桥坠入江中,13人不幸遇难。

因为救援进展吸引着全国的关注目光,某媒体为了做"第一手资料",在没查明真相之际,以"女司机"为噱头,铺天盖地地把人们的矛盾引在女司机这个群体上,引得舆论山呼海啸般地对所谓"肇事女司机"予以谴责,以致整个女司机群体跟着倒霉。

后面公交车坠江原因公布,车内"黑匣子"监控视频显示,系乘客与司机激烈争执互殴导致车辆失控坠江。

想一想:为什么虚假、不实报道经常能传播得很广呢?

> 群众从未渴求过真理,他们对不合口味的证据视而不见。假如,谬误对他们有诱惑力,他们更愿意崇拜谬误。谁向他们提供幻觉,谁就可以轻易地成为他们的主人;谁摧毁他们的幻觉,谁就会成为他们的牺牲品。
>
> ——庞勒《乌合之众》

三、当代青年如何甄别网络谣言

(一)信息的甄别与独立思考

在社交媒体的浪潮中,朋友圈里那些似乎永远不灭的谣言,以及网络上涌现的众多不实负面消息,之所以能够迅速蔓延,很大程度上得益于信息传播的"渠道"和充斥其间的"噪声"。其往往利用了人们对于未知的猎奇心态和对信息的渴望,从而在不经意间将信息扭曲和扩散。

在现今信息爆炸的时代,面对纷繁复杂的网络环境,我们在接收信息时必须保持清醒和审慎的态度。当我们对某一事件或现象进行了全面而深入的了解时,我们应该能够进行独立自主的判断,这是我们作为信息时代公民的重要素质。这不仅要求我们具备筛选信息的能力,从海量且杂乱的数据中辨识出真实可靠的内容,更要求我们能够基于这些信息形成自己的见解和立场。我们应避免成为他人观点的简单回声,不因外界的喧嚣而迷失自我判断的方向。

(二)避免网络负面角色

作为新时代的青年,有责任也要有能力,去辨识接收到的信息的真伪。这就需要培养独立思考的能力,学会从多个角度和渠道搜集信息,不盲目跟风,不轻信未经证实的说法。在这个过程中,我们还需要警惕自己不陷入网络负面角色的陷阱,如盲目的跟风者、无根据的批评者,或是情绪化的"键盘侠"。这些角色往往在缺乏深入了解的情况下,对事件发表片面或极端的意见,不仅无助于问题的解决,反而可能加剧社会的分裂与误解。

(三)全面了解与正能量传播

积极地传播正能量,是新时代青年的重要使命。在网络世界中,我们不仅要成为信息的消费者,更要成为有责任的信息传播者。要勇于发现并分享那些能够激发希望、传递正面价值观的信息,这些信息能够帮助他人,创造良好的网络氛围。每一次积极的分享,每一次理性的讨论,都是在为减少谣言和不实信息的传播做出贡献。

实操训练

1. 请在下面框线内画出完整的信息沟通模式图。

2. 信息传递游戏

初级游戏:把教师给出的数字组合从队列的最后一位传到最前面的一位,期间不得提示,不得借助任何外物,所有学生面向黑板坐立,不移动座位也不能离开座位,严禁回头。注意,每次传递过程中,所有团队未结束传递之前,学生不能说话;传递完毕后,每列的最前面的学生立刻把所得到的信息写在黑板上。

中级游戏:重复初级游戏,但与之前不同之处在于,这一次接收信息的同学如果没搞清楚,可以回头要求对方再次传递。

高级游戏:传消息练习,要求每列学生逐个向前传递下面消息,相邻两位同学可以进行反馈确认,次数不多于3次。(消息原文:明天下午1点半在行政楼3号会议室进行入党积极分子动员大会,请空乘学生着红色制服、空保学生着作训服,提前10分钟入场,单数座位坐男生、双数座位坐女生。)

在线答题

想一想:在每一阶段游戏结束,信息传递结果应当归咎于信息沟通模式中的哪一环节?

 问答题

1.试举一例你知道的假消息或者假新闻,根据信息沟通模式图分析是在哪些环节出现了问题。

2.请从信息沟通模式的要素中选取2—3个,谈谈你受到了哪些启发。

任务三　熟悉职业沟通的基本原则

案　例

2017年,A省一交警大队收到"胡乱作为,以权谋私"的"锦旗"。照理说,这样一件"微型"治安案件,过去也就过去了。可是,××新闻网站却在微博上发起投票:交警队该怎么处置这一事件为好?结果显示,34.5%的网友选择"运用法律手段进行惩处以儆效尤好";65.5%的网友支持"放下身段进行交流,以期取得谅解和信任好"。

面对指责自己的"锦旗",作何选择,昭示着不同的逻辑。针锋相对、以儆效尤,也许立竿见影;放下身段,以理解求和解,则是另一种怀柔的方式。从网友投票看,后者显然更孚人心。当执法人员节制手中权力,展现宽容襟怀,收获的将是更多的认同。

资料来源《人民日报》。

一、职业沟通的特点

(一)正式性

正式性是职业沟通的显著特征,它体现在沟通的形式、语言和结构上。在职业环境中,沟通往往遵循一定的礼仪和规范,以显示对个人和情境的尊重。正式沟通通常发生在商务会议、正式报告、工作邮件往来等场合,要求使用专业术语和礼貌用语。正式性还要求沟通者在着装、肢体语言和声音表达上保持专业和得体,以符合职场文化和期望。

（二）目标性

职业沟通的目的性是其核心特点之一。每一次沟通都应有明确的目标，无论是为了传达决策、解决问题、分享信息还是协调工作。目标性要求沟通者在沟通前明确沟通的目的，制定沟通策略，并确保信息的传递有助于实现既定目标。此外，目标性还体现在对结果的追求上，即沟通应促成行动或决策，推动工作向前发展。

（三）效率性

效率性强调在职业沟通中以最少的时间和资源实现最佳效果。有效的沟通需要直接、简洁，避免冗余和偏题。在快节奏的工作环境中，能够快速传达核心信息并得到回应是至关重要的。效率性还要求沟通者具备良好的信息筛选能力，只传递对实现沟通目标比较重要的信息。此外，选择合适的沟通渠道和工具，如电子邮件、即时消息或电话会议，也是提高沟通效率的关键。

二、职业沟通原则

航空安全员虽然在岗位职责上要求是确保空中安全，不需要服务，然而作为整个当班飞行机组的一员，大家是荣辱与共的，需要共同配合协助完成机上工作。尤其很多旅客只知道飞机上有服务人员，不知道有安全保卫人员存在，因而会默认机上穿制服的都是空姐、空少，这种先入为主的观念一旦形成，旅客便会对安全员有语言亲和的一致性要求。加之人们对国内航班所形成的"高端""服务态度佳"的行业印象，安全员就不能以一己之力摧毁这种形象。旅客也不能接受"我是安全员，所以态度差"这种说辞。

（一）相互尊重

要想获得旅客的尊重，首先就要尊重他人。人们的思想和言行以及文化背景都是有差异的，承认这种差异的存在是一种理性思维。被尊重是人的本质需要，美国心理学家威廉·詹姆斯说："人性中最强烈的欲望便是希望得到他人的敬慕。"人们渴望获得他人的认可和肯定，包括被给予尊重、赞美、赏识和承认地位。

尊重是一种修养，尊重是不分对象的，无论对方的身份和社会地位如何，都值得被尊重；而在心理上处于弱势的群体或身处逆境的人更需要得到尊重。尊重是相互的，只有尊重他人才能赢得他人的尊重，只有相互尊重才会有真正意义上的沟通。

（二）相互理解

每一个人看世界的角度都不尽相同，每一种审美的眼光都体现了自己的修养。素质好，文明程度就高；素质差，文明程度就低。差异的存在是世界多样化的特征。《论语》中，有"君子和而不同，小人同而不和"，意思是求同存异，不必求全。我们应该有胸怀去理解别人的不同观点，做到换位思考，在相互尊重的基础上，相互理解，这样才有利于进行有效沟通。

民航工作人员应从旅客的角度出发，尽可能多地去了解旅客的生理和精神需求，理解旅客的情绪状态。旅客出行中，遇到航班延误等情况很容易出现消极负面情绪，对此，民航工作人员不仅要给予充分理解,还要多关心、多疏导旅客的不良情绪,通过自己的努力和优质服务赢得旅客的理解与信任。

(三)主动沟通

主动就是"没有人告诉你而你正做着恰当的事情",主动沟通即沟通的发起者主动寻找话题与沟通对象进行交流。民航工作人员主动沟通,可以了解旅客的行为动机,避免旅客误会,化解和旅客矛盾,将旅客乘机矛盾消灭在萌芽状态。

(四)包容沟通

中华文明历来崇尚"上善若水""有容乃大"等情操,这些思想表明了包容是一种胸怀、一种修养、一种人生境界。世界是多元的,人的个性又是多样的,"我们争论是因为我们看世界的角度不同"。因此,学会用他人的眼光看待问题,容易更好地理解彼此的行为。

作为服务业从业人员,民航工作人员会接触到各种各样的旅客,每一位旅客的爱好和需求千差万别。这就要求民航工作人员学会包容,包容他人的不同喜好,包容他人的挑剔。民航工作人员需要培养同理心,去接纳差异,包容差异。

三、职业沟通策略

(一)使用规范的职业用语

勤用文明礼貌用语,包括"您好""请""谢谢""打扰您""对不起"等。

(二)多听少说,给旅客留有余地

人们在倾听时常常出现以下情况:一是很容易打断对方讲话;二是发出认同对方的"嗯……""是……"等一类的声音。较佳的倾听却是完全没有声音,而且不打断对方讲话,两眼注视对方,等到对方停止发言时,再发表自己的意见。民航服务人员在与旅客沟通的过程中,理想的情况是让旅客多发言,服务人员多倾听,才会获得更好的效果。说话时,用自在的态度和缓和的语调,旅客会更容易接受。

有些民航工作人员在与旅客沟通时,常常一开始就有意无意地否定旅客的说法。工作人员虽然只是下意识地说出了一句或两向话,但这些话却十分不礼貌,不体贴对方,而且对旅客的言行予以全盘否定,不留一点余地,让旅客感到十分尴尬。有时如果遇到旅客心情不好、状态不佳、身体不适等情况,当听到服务人员说出不留余地的话语后,一定会感到更加刺耳,从而火冒三丈。因此,民航工作人员在与旅客沟通的过程中要多听少说,更不能说完全否定旅客言行的不良话语。

(三)说错话后及时补过

人非圣贤,难免出现差错。民航工作人员也是人,不论如何小心、注意,有时忙起来,也会不由自主地说出一些令旅客不悦的话。说错了话,得罪了旅客,应该怎么办呢?最好的办法是,一发现自己说错话,就马上改过或者道歉,千万不能一错再错。人的心理状态会随着对方语言的变化而发生变化。假如你不小心说了伤害对方自尊心的话，但马上追补几句得体或是道歉的话，让对方感觉到你的诚意或者歉意，那么之前的伤害就会减少许多。

（四）善于运用沟通三大要素

面对面沟通的三大要素包括语言文字、声音的语气和语调，以及肢体动作。行为科学家经过60年的研究发现，在面对面沟通时，这些要素的影响力分布为：语言文字占7%，语气语调占38%，肢体动作则占55%（见图1-2）。尽管如此，许多人在进行面对面沟通时，常常过分强调语言文字的表达，而忽视了声音和肢体语言的重要性。

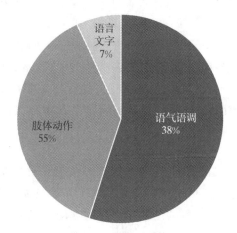

有效的沟通不仅仅是信息的传递，更重要的是与对方建立共鸣，进入对方的沟通频道。这意味着，声音和肢体动作必须与所传达的语言内容保持一致，确保对方能够感受到说话者的思想和情感是完全吻合的。如果声音和肢体语言与语言内容不一致，对方可能无法接收到正确的信息。因此，要实现真正的沟通，就必须全面考虑并有效运用这三大要素，以确保信息传递的完整性和准确性。

图1-2 沟通三大要素

四、职业沟通的语言技巧

（一）避免仅依赖规定性语言

"抱歉，这是规定，我也无能为力。麻烦您配合一下。"很多在服务行业工作的员工，在面对客户抱怨的时候，为了节省时间，都会用"结果"而非"因果"去回应对方。他们的逻辑是——规定如此，没什么好商量的，这是一个"结果"；至于为什么有这样的规定，那不是我的事。

在航空公司的投诉里，有一个类别专门是"建议"，很多人是对规则不满，试图要申请改变。对方当然知道"规定如此"，而他恰恰是认为这个规定没有道理，所以才要投诉。所以在面对客户的质疑的时候，越是强调"规定就是规定"，可能越是让人生气。虽然大家都知道，规定不是你定的，但是因为你工作在第一线，有诉求肯定就直接向你反映了。

正确的做法不是去重复规定这个"结果"，而要讲清楚里面的"因果"。也就是解释清楚这项规定的来龙去脉，是基于什么目的被制定出来的。要让对方知道，他之所以觉得规定看起来不合理，只是因为没有了解规定的全貌。

例如，乘坐飞机的时候，有的乘客早早登机，飞机却没有办法马上起飞，就需要乘客在机舱里等着。这时，有些乘客就会跟机上工作人员抱怨说："知道还不能起飞，那就不要叫大家先上飞机啊！让我们在候机室等，至少比较舒服吧。现在把我们骗上飞机，挤在小小的座位上，等半天都不飞，这不是活受罪吗？"

这时候,如果只知道跟乘客说:"抱歉,这是公司的规定,我们也没办法。"可能不会让乘客心里舒服,可以试试以下这种说法:"不好意思,跟您解释一下,现在天气不好,所有的航班都要排队,可是要排队等起飞,就必须是乘客已经登机,随时可以出发才行。如果现在让大家下飞机,或者是等天气好转才让大家上飞机,那就不知道要等到什么时候了。所以请您配合一下,好吗?"

事实上,这种解释不需要多全面、多深入,只要提供比对方所知更多的细节即可。了解更多的细节,知道更多背后的原因,本身就是一种安抚。绝大多数情况下,那些让我们觉得不通人情的规定和决定,背后其实都有某种理由。如果在沟通的时候,你能习惯性地加入前因后果,尽可能补充些细节和解释,就会让别人觉得更容易接受。

(二)用好同理心

在任何行业中,同理心都是一种宝贵的品质,它能帮助人们更好地理解对方的需求和感受。然而,很多时候,当工作人员在面对客户的不满或抱怨时,可能会本能地采取防御态度,而不是试图站在客户的立场上思考问题。这种时候,用好同理心就显得尤为重要。

同理心的第一步,是承认顾客的感受,而不是立刻给出解决问题的方案或是机械式的回应。"我完全理解您现在的感受,如果换成我遇到这种情况,也会感到不愉快。"这样的开场白,比起简单的"抱歉",更能拉近与顾客之间的距离。

同理心的第二步,是尝试站在顾客的立场考虑问题,这不仅仅是一种态度,更是一种深度的理解和尊重。比如,在航空公司,如果遇到了航班延误的情况,服务人员可以这样解释:"我非常理解您的焦虑和不便,如果是我,也希望能够得到及时和准确的信息。一有最新的消息我一定马上告知给您,您放心,由于延误后续出现的一系列问题我们也会尽力妥善解决。"

同理心的第三步,是提供解决方案。在理解了顾客的感受和需求之后,提供切实可行的帮助和解决方案,是同理心的最终体现。例如,在酒店服务中,如果房间没有达到顾客的预期,服务人员可以这样说:"出门在外多有不便,我能理解。大家肯定都是希望能有一个舒适的休息环境,您看给您升级一下您的房间,您是否满意?"

在线答题

项目二　　沟通策略

沟通是连通人与人的一座桥梁,只有顺畅沟通才会使飞行更加安全。某调查显示,飞行事故中,2/3的飞行事故涉及人的失误,是由机组的沟通、合作和决策等非技术技能的不足所导致的。例如,2014年8月,某航空公司一航班上发生飞行员与空服员争吵动粗事件,导致航班延误6小时。

任务一　掌握上行沟通的策略与技巧

案　例

墨子训徒

耕柱是战国时期一代宗师墨子的得意门生,不过他总是被墨子责骂。

有一次,墨子又责备了耕柱。耕柱觉得自己真是非常委屈,因为在许多门生之中,大家都公认耕柱是最优秀的人,但又偏偏常遭到墨子指责,让他没面子、心里过不去。

一天,耕柱愤愤不平地问墨子:"老师,难道在这么多学生当中,我竟是如此的差劲,以至于要时常遭您老人家的责骂吗?"

墨子听后,毫不动肝火:"假设我现在要上太行山,依你看,我应该要用良马来拉车,还是用老牛来拖车?"

耕柱回答说:"再笨的人也知道要用良马来拉车。"

墨子又问:"那么,为什么不用老牛呢?"

耕柱回答说:"理由非常的简单,因为良马足以担负重任,值得驱遣。"

墨子说:"你答得一点也没有错。我之所以时常责骂你,也只因为你能够担负重任,值得我一再地教导与匡正你。"

航空安全专业的学生入职了,最先面对的不是乘客,而是自己的带飞老师和经常变换的机组其他成员,你有没有信心做个讨人喜欢的工作伙伴呢?你究竟在人际交往中会表现如何?

上行沟通是指下级的意见向上级反映,即自下而上的沟通。有效的上行沟通可以营造企业民主管理文化,提高企业创新能力,还有利于员工职业生涯的发展。

有调查显示,员工离职的原因中关键因素之一是与上司的关系处理不好。其实,员工与上司的关系处理不好,很重要的原因是遇到问题时,彼此没有沟通好,即存在上行沟通瓶颈。

(一) 上行沟通是上司了解你的渠道

《牛津管理评论》中提到,个人的事业成功在初期主要依靠自身的教育背景和职业能力,上升到中高期时就会遇到人际沟通的天花板。有人用"沟则通,不通则痛"来说明与上司的沟通很重要,沟通有时能起到意想不到的效果。因为通过沟通,才能使你的上司了解你的工作作风、确认你的应变与决策能力、理解你的处境、知道你的工作计划、接受你的建议,这些反馈给他的信息,让他能够对你形成比较客观的评价。一旦你真正学会了和上司沟通,你就会觉得你们更像是并肩的伙伴而不是上下级,上司也会托付你更多的责任,给予你更多的帮助,使你的工作进展更顺利。

颜回偷吃,是真不敬老师吗?

孔子携弟子周游列国,曾因兵荒马乱,旅途困顿,三餐以野菜果腹。一天,村民给了他们一些米粮,孔子想,这个米饭让谁来煮我才放心呢?他想到了大弟子颜回,颜回平日忠厚老实,不贪图小便宜,于是他就把煮米饭的任务交给颜回。

饭快煮熟时,香味飘散,孔子忍不住便去了厨房。刚到门口,他看到颜回掀起锅盖,抓些白饭往嘴里塞。孔子有些生气,自己最喜爱的好弟子,怎么会这样呢?

孔子回到了书房,此时大弟子把米饭也端进了书房请老师吃。孔子心想,我要考验他一下,看看颜回是否真的是不懂尊师重道呢?孔子假装若有所思地说:"我们难得吃一回米饭,先拿来祭祖先吧!"古时,祭祖必须是干净的食物,如果食物被沾染了脏的东西,那就是对祖先的大不敬。

颜回立即说:"老师,不能祭祖,因为这些米饭已经被我抓过了,也吃过了。"孔子心中暗喜,想孺子还算可教,接着颜回说了一句让孔子非常震惊的话:"因为厨房年久失修,又没有清理过,当我打开锅盖时,热气使棚上的灰掉到了锅里,米饭脏了,我想扔掉太可惜了,就把这些脏的吃掉,既可以让我吃饱,又可以让老师您吃到干净的米饭。"

由此可见,不管对一个人的举止,自认为有多了解,也要和他进行沟通,结果可能会出乎意料。所以在工作中我们也要时常与领导保持沟通,这样才能彼此了解工作的进展、思想的差异。

（二）树立正确的沟通观念

很多人明白与上司沟通的重要性，但在工作中却会认为，上司永远是不可捉摸的，于是，自觉或不自觉地能躲就躲，尽量减少与上司沟通的机会。有心理学者把这种不愿甚至害怕和上司沟通的状况称为"惧上症"，认为错误的沟通观念是造成"惧上症"的重要因素之一。

那么，我们应该避免哪些错误的沟通观念呢？

① 抛弃"不宜与上司多接触"的观念

不少人认为，和上司走得太近，其他同事会有看法，而且言多必失，和上司接触太多，反而会暴露自己的缺点。

其实，和上司沟通应是下属工作中的重要职责，你需要从中了解上司的意图，获得上司支持，把握自己未来的工作方向，提升工作效率。上司也希望通过与下属沟通交流，建立融洽和谐的上下级关系。所以，不要害怕，也不要犹豫，我们应该积极勇敢地与上司沟通。

② 增强受挫能力，不要怕"碰钉子"

与上司沟通时，能得到上司良好的回应当然令人高兴。但是当上司反馈不佳时，有的人就害怕退缩了，丧失了积极性。

其实，经过调查发现，很多时候，上司并不是真的要为难下属，只是没有意识到自己的做法对下属的不良影响。下属在与上司沟通时，要从心理上增强受挫能力，多次确认，以达到良好的沟通效果。

③ 修正"领导啥都知道，我无需多言"的想法

很多下属认为，领导了解下属的渠道很多，大部分领导也是从基层干上去的，工作上的绝大部分问题他们都知道，所以我不用多说什么，领导心里都有数，只要我踏实做好自己的工作，领导会看见。但事实上，领导每天千头万绪，有很多上层交代的新任务需要学习和处理，没有办法兼顾所有人的实时动向，很多时候也没办法了解下属具体在某一项工作中付出了多少心血，这时就需要下属向上汇报，进行向上沟通，一方面不要埋没了自己的工作成果，另一方面避免被有心人"抢功"。

二、上行沟通准则

在组织结构中，下级的角色是支持和辅助上级完成既定的工作任务，确保工作流程的顺畅和工作的推进。上级通常承担着繁重的职责和大量的工作，因此，下属应运用自身的专业知识和技能，以提高工作效率，合理分配时间资源。

在协助上级工作的过程中，下属应主动识别并解决问题，而不是将未经深思熟虑的问题直接上交。有效的沟通和问题解决能力对于维护工作流程的有序性至关重要。同时，下级在准备报告或信息资料时，应力求简洁明了，避免不必要的复杂性和冗长，以减少上级处理信息的时间负担。在协助上级工作时,要注意以下几个方面。

(一)学会站在上司的立场看待工作和任务

在组织层级中,上级通常具备更广阔的信息视野和更深入的问题洞察力,他们的观点往往基于全面的考量和战略层面的分析。因此,下属在执行工作职责时,应致力于理解上级的指导思想和工作要求,以确保任务的执行与组织的整体目标和战略方向保持一致。

如果上司明确指示你去完成某项工作,那你一定要用最简洁有效的方式明白上司的意图和工作重点。这时,你不妨利用传统的"5W2H"方法来快速记录工作要点,即弄清楚该命令的时间(When)、地点(Where)、执行者(Who)、目的(Why)、工作内容(What)、工作方式(How)、工作量(How much)等。在上司下达完命令后,立即将自己的记录进行整理,再次简明扼要地向上司复述一遍,看是否还有遗漏或者自己没有领会清楚的地方,并请上司加以确认,提高自己获取信息的准确度。

在明确上司交给的工作任务后,还应积极开动脑筋,尽快拟订一份工作计划,详细阐述你的行动方案与步骤,尤其是对你的工作时间进度要给出明确的时间表,以便于上司进行监控。在工作进行中,留意自己工作的进度是否和计划一致,无论是提前还是延迟了进度,及时向上司汇报,让上司知道自己在干什么、取得了什么成效,并及时听取上司的意见和建议。在工作完成后,及时总结汇报,总结成功的经验和其中的不足之处,以便日后改进和提高。

(二)开展工作时要主动

当上级将任务下发给下属时,下属应展现出主动性和责任感,确保任务的顺利进行。通过主动管理任务进度和及时提供反馈,下属可以减少上级的担忧,并在执行过程中体现自身的专业能力和工作热情。这种主动性不仅有助于提高工作效率,也是赢得上级信任和评价的关键因素。

◆ 案 例

小林与小美毕业于同一所大学的企业管理专业,并进入了同一家企业工作。小林做事努力认真、务实勤恳,常常主动留下来为公司加班。小美每天嘻嘻哈哈,工作轻松又愉快,每天都会主动去找主管聊天,给人一种跟主管感情很好的印象。

一年后,小美获得主管赏识得以升迁,并委以重任,小林则只是获得象征性的加薪鼓励。这让小林感到非常不公平。

一天,主管找小林恳谈。刚好中秋节快到了,公司正在考虑该买什么中秋礼物送给客户。主管说:"小林,可不可以请你到市场上跑一趟,看看有没有卖大闸蟹的?"小林心里很疑惑,不知道为什么要特地跑这一趟?因为这并不是她负责的工作。但她还是乖乖地依照主管的要求,搭出租车赶到水产市场。

过了大概30分钟,小林回到办公室,向主管报告:"市场上有卖大闸蟹的。"主管接着问地:"水产市场的大闸蟹怎么卖?算斤还是算只?"小林一脸茫然,无法回答。于是又跑了趟水产市场，约30分钟后又回来报告："水产市场上的大闸蟹是按只算的，每只70元。"

主管听了之后，当着小林的面，把小美找了进来，并吩咐小美："麻烦你到水产市场去一趟，看看有没有卖大闸蟹的？"小美马上问主管："请问大闸蟹是有什么用途吗？"主管回答她："中秋节快到了，打算送客户大闸蟹作为中秋节礼物。"

小美立即出了门。过了一个多小时，小美回来了。一进门，就见她眉飞色舞地拎着两只大闸蟹。她向总经理报告："在水产市场上我找到两家比较好的卖大闸蟹的摊位。第一家的大闸蟹，每只平均4两重，批发价每只卖70元。第二家的大闸蟹，每只平均6两重，批发价每只卖90元。我建议，如果主管自家食用可以挑4两重的——肚白、背绿、金毛，看起来很新鲜。如果主管要送人，我建议买6两重的，看起来比较有分量。我各买了一只带回来给主管参考。"

听完小美的报告之后，主管转头问小林："你看出你们之间有什么不同了吗？"小林一副恍然大悟的神情，赶忙点头表示她明白了。主管向小林进一步说明："一样是去水产市场看有没有卖大闸蟹，你们收集回来的市场信息与态度截然不同。小林，你很认真没有错，但是你并没有思考这项任务的需求是什么，只是一个口令一个动作，需要来来回回好几趟才能把一件事情做好。而小美呢？不用我多交代，一次就把事情搞定，她不仅收集了完整的市场信息，甚至也提出建议与分析，协助我作为判断的参考。"

下属开展工作时应积极主动，而不是做"不拨不动"的棋子型员工，最好能够主动开展工作、积极发现问题并提出解决问题的办法，努力做出超出上司期望的事情，其实上司对于下属的重视也往往在于下属做出超出上司心理预期的工作。最受欣赏的人才，是要"Work hard"（努力工作）、"Work smart"（聪明工作）、"Work happy"（快乐工作）三者兼备的人。

（三）掌握一些管理和科学常识

统计数字表明，人们在每周三的工作状况最好、效率最高、出错最少，每周一和周五相反；上午10点的时候是人们头脑最清醒的时刻，这段时间适合处理需要高度集中注意力的任务；在下午两点半人的四肢活动配合到最佳状况，适合安排事务性工作和会客；人们可能在进食前脾气特别不好，大多数吵架也发生在进餐之前。

因此，下属如果了解以上这些最佳工作时间规律，就应注意尽量将最复杂的汇报、讨论工作安排在一周的中间进行，或者上午进行；易发生分歧的汇报、讨论工作安排在午餐后进行，将上司的会客活动尽量安排在下午等，就可以帮助上司更有效率地开展工作。

（四）在提出问题时一并提出其解决方案

在向上司提出问题前，下属首先要仔细分析问题，并要认真地思考解决的办法。在提出问题时，向上司提供相对完善、切实可行的解决方案和建议，最好是两种以上，并对每个方案的利弊进行切实的、前瞻的、系统的预测分析，让上司可以选择他认为更好的解决方案。这样为上司进行决策创造了尽可能的方便，节约了时间，提高了工作效率，有利于成为上司可以依赖和信赖的得力助手。

（五）向上司汇报工作时要结构清晰、逻辑严密

下属向上司汇报工作时，内容要完整周详、结构要清晰、逻辑要严密。在报告前，自己先要理清思路，明白自己想要说什么，理清所说事项的一个先后、轻重顺序，不能天马行空、重复啰嗦、不知所云。下属将各种信息汇总后，可以按照"一页纸原则"形成摘要，列出目录并标注重点，最好还能在分析后提出自己的观点、建议。当然，论点应有客观数据、事实支持，避免贸然的主观判断。

"一页纸原则"是指下属向上司上报文件时，如果所报文件内容超过两页纸，应在文件前附上不超过一页纸的简洁摘要，最好做到令上司无须翻阅整个报告正文便可了解全部要点。

（六）形成互补型组合

下属应积极发挥自身的专业优势，以弥补上级在特定领域可能存在的局限性。通过识别并利用自身的长处，下属可以促进上级发挥其核心优势，同时弥补其潜在的不足，实现优势互补。

这种互补性的工作关系能够促进团队的整体效能，实现协同增效，即通过双方的合作，达到的效果超过各自单独工作的效果总和，从而提高工作效率。

在面对挑战或复杂问题时，下属的主动参与和有效支持对于上级解决问题至关重要。下属通过提供解决方案或协助执行，不仅能够增强上级的工作成果，同时也能够提升自身的职业价值和团队地位。

三、与上司沟通的语言技巧

一般情况下，与上司在工作范畴内的基本沟通大致有以下几种情况：明确任务要求、汇报工作进展、回应领导称赞、回应领导批评等。

（一）明确任务要求

初入职场的人会存留比较明显的学生思维，但在职场中，上级分配任务时可能不会像学校作业那样提供详细的指导。由于上司工作繁忙，他们可能会使用较为笼统的描述来布置任务。同时，由于信息不对称，上司可能认为下属能够自行理解任务的具体要求。因此，下属在接受任务时，不应仅仅简单回应"好的"或"明白"，而应深入思考任务的具体内容和要求，以避免执行中的误解和无效工作。

以下是一些可能会帮助到你的回复模板。

当你面对的是领导布置的任务时，参考回复公式：

确认信息＋明确工作任务＋时间点

❶ 通知开会案例

领导跟你说："通知一下大家，明天下午5点钟开部门例会。"你的回答可以是这样："好

的,已经通知了××部门的同事,并且已经预定好了一楼的会议室,会议议题会在明天中午12点前收集好发给您。"从这个回复中,领导可获知:第一,你真的干活了;第二,你把这个工作做得很细致。

2 安排行程案例

领导跟你说:"我明天要去上海出差,你把我的行程安排一下。"这时候,你对行程的理解到底是只有机票,还是机票、酒店、餐饮,或者包括接机等,其实是需要跟领导确认一下的。假设你对"行程"的理解只是订张机票,那后续的工作就不好说了,这时候你最好能把这个任务拆解一下,用你自己的话描述一遍,比如说:"领导现在您的行程是需要安排机票、酒店、接机、餐饮,还有您的私人行程,对吗?那我在下午4点前确认好跟您报告,是否可以?"

(二) 汇报工作进展

当领导询问你的工作进度,参考回复公式:

已完成的进度＋未完成的部分＋分情况的时间点

例如,领导问你:"你这个方案做得怎么样啊?"

参考回复:"这个方案我已经完成了百分之七十了,但我还差××部分没有完成,如果您着急的话,我今天下班前一定能给你一个版本,你看看有什么需要调整的部分,如果时间允许的情况下,我就按原定的时间明天给您一个更完整的方案。"

从这个回复中领导可以获知:第一,你干活了;第二,哪怕他着急要你这个方案,方案不完美他也能够接受。

(三) 回应领导称赞

当领导当众表扬你的时候,你通常会怎么回应?

很多人的回复是:"没有没有,您过奖了,我还有很多不足。"

这是一个很普遍的中国式回复,因为我们的传统美德告诉大家做人要谦虚,但这时候的过度谦虚,反而容易让人不好接话,让场面陷入尴尬。参考回复公式:

感谢肯定＋表态

例如:"谢谢您看到了我在工作中的付出,这也是全体同事配合的结果,您在这个过程中也支持了我很多,我以后会抓住机会,更加努力的。"

事实上,领导夸你,一是对你的肯定,二是希望激励你继续努力,所以你就把这个肯定承接住,表示你会继续努力,他也就高兴了。

当领导或者长辈跟你说"辛苦了",你该怎么回答?

我们大多数人听到领导说"辛苦了",第一反应回答"不辛苦,不辛苦"。其实领导说辛苦了,一方面是客气,另一方面是对你工作的肯定,他也是想表达一种感谢,这里其实可以根据领导类型的不同给予不同的回复。

第一种,权威型领导,参考回复公式:

感谢机会＋获得成长＋继续努力

你的领导如果比较注重权威,是一个比较有官威的领导,那么他其实就是让你懂得感恩,知道他给了你一个工作机会。那么你可以这样说:"谢谢领导给这个机会让我锻炼,我确实通过这个机会成长了不少,这点辛苦跟收获比起来其实不算什么,我会好好继续努力的。"那么领导就会获得一种满足感,觉得自己眼光正确。

第二种,老师型领导,参考回复公式:

感谢+反思+求指导

如果领导比较好为人师、很愿意指导,那么你就可以这么回答:"谢谢领导的关心,我把我这次的工作已经总结成文字了,归纳了我做得好的和做得不好的地方,我还做了一个预案,未来再遇到类似的情况,我们该怎么做,只是不知道思考得是否成熟,你要得空的话给我指导指导。"这样领导就会觉得,这个员工真不错,既对当下有总结,还对未来有规划,同时很尊重自己的意见。这样做还能创造跟领导进一步交流的机会。

第三种,和蔼型领导,参考回复公式:

感谢认可+归功团队

这类领导喜欢跟员工打成一片,遇到这样的领导可以这样回复:"谢谢领导的认可,其实不光我辛苦,所有小伙伴都挺帮忙的,要不然看在大家这么努力的份上,您请大家吃顿饭吧。"这种调侃式比较受用于和蔼型领导,他会觉得你这个员工不贪功,知道团队的作用。

(四)回应领导批评

当领导对你的工作提出了质疑,很多时候员工会在第一时间推卸责任。领导问你事情为什么没有做好,常见的错误回复是:"对不起,领导,我确实没做好,主要是××原因。"

参考的公式1:

承认问题+说明情况+行动及复盘

回复参考1:"不好意思,领导,这个事情确实我有责任,我们遇到了一些预料之外的××情况,但现在我们已经采取了1××、2××、3××的方法,希望会让这个事情出现新的转机。而根据这次出现的状况,我们也做了一些经验复盘,以后遇到这类情况,我们就有解决方案了。"

点评:事情没做好甚至犯错,其实对于领导来讲一定程度在他的预期之内,没有人可以完美无瑕地把事情完成。但是很多人会把注意力集中在解释自己为什么犯错上,领导需要的是面对这个事情的解决方案和以后如何避免,而不是了解你那些细枝末节的为什么犯错,以及别人的种种不是。

参考的公式2:

复盘+解决方案+后续反思

回复参考2:"领导,对不起,在这个任务上我确实在××、××、××方面没有做好,接下来我想从××、××、××方面去进行调整,然后我会在今天下班前给您一个新的报告,这个错误让我有了经验,以后在类似的情况下我会避免同样的错误发生。"

点评:这样的态度,其实既诚恳地面对了自己做得不好的地方,又表达了自己在积极思考,同时也在解决问题。工作中出现问题是很常见的,领导其实更希望看到员工在一件事情当中的成长,清晰明确的回复可以帮助员工提炼自己该干什么、怎么干。语言是逻辑的外在,逻辑清晰、条理分明,是说得明白的前提。

案 例

机长与乘务长"高空互殴"

2021年2月,在某航空公司南通至西安的航班,飞行中机长与乘务长(男)发生争执,并且在飞机下降前50分钟相互殴打。

相关调查认定,事发当天,机长与副驾驶都提出飞机下降前需要上厕所,但经过和乘务组沟通,乘务组表示前舱卫生间有乘客正在使用不能立即安排,二人表示理解,同时称时间紧急,请乘务长尽快安排相关事宜。按照相关飞行规定,在起飞以及落地等飞行关键阶段,驾驶机组都必须在驾驶舱内,所以机长与副驾驶按惯例都需要在飞机下降前使用卫生间等。

随后,航班当班女乘务长打铃进入驾驶舱,告知机组二人前舱卫生间已经可以使用,且餐车已挡好并无外来人员。机长先行走出驾驶舱前往卫生间。此时,头等舱女乘务长和一名男乘务长交换了工作区域,一位头等舱旅客要上卫生间,但机长正在卫生间内,乘务长让旅客先回座位,旅客未理会。机长出来后看到正在卫生间外等待的旅客,便责骂乘务长,说他工作不到位,影响飞行安全。随后两人从口角升级为打斗,机长先动手,打断了乘务长的手臂,乘务长反击,敲掉了机长的门牙!

事故处理意见:①涉事航线停飞,暂停东海航空新增航线;②涉事机长执照被撤,终身停飞;③涉事乘务长采取行政处罚,给予公司终身停飞处理;④要求某航空公司对当事人及相关管理人员严厉追责。

实操训练

1.根据上述案例,如果你是当日男乘务长,你会如何应对机长的责骂?

2.通过前期培训的你终于进入带飞环节,初次带飞结束后,你的当班老师夸你"今天做得不错"时,你该如何回复?

问答题

在线答题

工作中,我们常用"5W2H"的方法来快速记录工作要点,请简述"5W2H"分别是指什么。

任务二　运用平行沟通的策略与技巧

案　例

A公司是一家做旅游服务的小型企业,由于公司的员工大多数是二三十岁的年轻人,沟通起来较为方便,所以沟通气氛还不错。7个月前,陈红应聘到这家公司担任前台服务。

陈红已经工作很多年了,曾遇到各种各样的人和事,沟通对她而言应该不成问题,但恰恰相反的是,她说话总是很容易得罪人。陈红心里总搁不住事儿,有什么就说什么,从来不会隐瞒自己的观点。

有的同事把茶水倒在纸篓里,弄得一地都是水,她会叫他不要这样做;有的同事在办公室里抽烟,她会请他出去抽;有的同事喜欢没完没了地打电话,她就告诉他不要随便浪费公司的资源。她这样做是好心,因为上述情况如果让经理看见了,他们也免不了会被批评。

可是,她的好心并没有被同事们接受,她这样做几乎将办公室中所有的同事都得罪了。每个人对她有一大堆意见,甚至有什么集体活动同事们也故意不叫上她。有一次她实在气不过,就向经理反映,没想到经理也不支持她,反倒弄得她在公司更加被动。

陈红非常想不通,明明她是实话实说,为什么结局会这样呢?难道做人就一定要虚伪做作吗?

平行沟通,又称横向沟通,指的是平级之间进行的与工作相关的交流。工作的推动和开展,不仅依赖于上行沟通,在落实到执行层面时,更多会遇到的是平行沟通。特别是在民航业,在飞机上,想要完成每一次的飞行任务,离不开机组全体成员的配合协作,良好的人际关系和沟通方式有助于工作的顺利开展。

一、平行沟通的作用

(一)保证事情总目标的实现

工作中的目标是逐级分解的,需要根据总体目标的方向拆分为许多子任务下发到相应的各个部门。各部门各司其职、有机配合,将各自目标实现,才能支撑总目标,最终确保总目标的实现。

(二)弥补纵向沟通造成的不足

在上行沟通中,有一种向上管理的话术,即"明确任务安排"。因为上司由于工作繁杂,布置任务的时候往往没有办法说得特别详细,常常会用一些笼统的词,同时由于上司与下属之间存在信息差,上司认为下属能够自行理解到这个词背后说的意思,会有"这些你应该知道"的错觉。好多初入职场的人也不太敢问上司更多细节,一是怕给上司带来不好的印象,二是怕说错话,所以这时候平行沟通就能很好地弥补这种沟通困境,一方面为上司节约时间,另一方面能将信息进行横向地互通有无,提升信息的延展性。

(三)实现信息共享

平行沟通不仅能实现本部门内部的沟通,更能促进跨部门之间的交流,使得双方对信息掌握的宽度进行拓展,实现对信息的整体把握。

二、平行沟通的策略

平行沟通,尤其是跨部门的工作协商与协调,是企业内部协作不可或缺的一环。此类沟通应以实现信息共享和争取相互支持为主要目标,且一般具有直接、清晰、高效的特点,与公关或谈判场合的沟通有一定的区别。

(一)以工作为核心进行沟通

当感觉对方对正在进行的工作重视不足,或对管理层的安排理解不深入,从而影响了工作的流畅性时,应优先考虑通过沟通来解决问题,以期迅速而圆满地达成共识。如果沟通未能取得预期效果,再考虑向上级汇报。沟通应始终围绕工作本身进行。

(二)遵守既定的制度和流程

当工作遇到障碍时,应首先确定问题出在哪个环节,并找出该环节的负责人,以及公司已有的制度或流程对这种情况的相关规定。因此,民航服务人员及其他员工都应遵循各自职责,根据既定流程开展工作。

(三)直接进入主题

在确定了沟通对象后,应先询问对方是否方便。如果对方正忙于处理紧急任务或专注于思考工作方案,突然的打扰可能会让对方感到不适。一旦确认对方有时间,应直接而礼貌地提出沟通的议题和期望,同时等待对方的反馈。避免拐弯抹角,以免浪费时间并给对方留下不好的印象。

(四)诚恳征询对方意见

既然选择与对方沟通,说明认为对方在解决问题上扮演着重要角色。因此,应虚心听取对方的看法,了解对方在配合工作上可能存在的困难或原因。在内部沟通中,应保持尊重,不随意打断对方,以免影响其表达。

（五）提出并表达感谢

在对方表达完观点后，如果其意见合理，应完全接受并表示感谢。如果沟通顺利，工作便可继续推进。如果对方的建议部分合理，也应视为有效沟通。若对方的建议不可行，应耐心解释原因。

（六）耐心倾听反馈

提出不同意见后，应询问对方是否有补充或反馈，这不仅是让对方集中注意力在自己的建议上，也是对其尊重的体现，为接受新观点做好心理准备。因此，应耐心倾听对方的反馈。

（七）寻求共识，尊重差异

由于角色、经验和立场的差异，同事之间在工作方法上存在不同观点是正常现象。应从对方角度考虑问题，并在必要时调整自己的立场。通常建议寻求共识，同时尊重彼此的差异，以保证工作顺利进行，避免一味地说服对方或完全迁就。

（八）以解决问题为目标，必要时上报

沟通并不总能顺利解决问题。面对固执己见的人，简单的问题也可能变得复杂。沟通遇阻时，除了保持冷静，还应及时向上级汇报，由其进行协调。

三、平行沟通的语言技巧

事实上，很多工作进展困难，看似是工作问题，但为什么有时换个人来处理，结果会有所不同呢？其实从这里就不难看出，就事论事是一方面，人情世故也在工作的推动中占据了一席之地。沟通能力的强弱是同事之间相处是否和谐融洽的一个重要指标。

不仅仅是在工作上，平行沟通同样可以延伸为我们日常生活中和平辈之间的交流。平辈之间如何成为更贴心的朋友或者更妥帖的伴侣？下面我们挑选一些典型的沟通场景，提供一些可以参考的语言应对技巧。

（一）赞美与回应

❶ 细节赞美法

赞美别人的时候不要太肤浅、笼统、流于表面，不要说"你真美""你真聪明""你真厉害呀""你太棒了"……这些是最基础的夸赞，因为夸奖的人没怎么走心，更像顺嘴而出，且可以随意安放在任何人身上，所以也是最不得人心的夸奖，属于"无效赞美"。

想让你的赞美达到好的效果，一定要有细节化、具体式的夸赞。因为具体的夸奖代表了"用心"，说明你用心观察了对方、用心了解了对方、用心参与了过程，看得出变化、说得出不同、讲得出细处，这样才能显示出真心。

例如：

"这个新烫的发型太适合你了，一下把整个人都衬得明艳大气了。"

"你刚刚的汇报太棒了，内容充实就算了，配色还相当高级。"

"你今天的妆容和平时不太一样，虽然我说不清到底是哪里变了，但就是觉得看上去更精致、更温柔了。"

每个人都认为自己是独一无二的，世界上没有两片相同的叶子，所以千篇一律的赞美是与人的心理背道而驰的，因而也就收不到应有的效果。赞美的底层逻辑其实是——花了时间在对方身上，核心是——观察力。只要你的赞美里囊括了这些，你一定是一个令人喜欢的同伴。

2 落差赞美法

有时候，你真心诚意的赞美，如"你真的好厉害啊！"对方听了好像也没有特别开心，没把你的赞美当真。这很可能是因为平时客套话听多了，你的真心也被他当作了场面话。真心却被当成客套，实在很令人沮丧。要避免这种遗憾，你可以使用"落差赞美法"，让你的赞美真正夸到别人的心里头。你可以尝试这样说："坦白说，我以前一直以为你××（坦陈你对对方的刻板印象），现在才发现你那么厉害！"

案 例

例如，平时不苟言笑的同事带了一盒自己烤的饼干分给大家吃，你打算如何夸赞？

对于这个问题，如果你想升级你的赞美，让对方印象更加深刻，就需要使用落差赞美法。比如，你可以这样说：

"坦白讲，我以前一直以为你是工作狂，除了工作之外什么都不爱，真没想到你竟然喜欢烘焙，而且手艺还这么好！真是深藏不露啊！"

说到底，赞美被当成客套话，往往是因为对方分辨不出来你的赞美究竟是不是出自真心。同事之间、朋友之间，如果不是太熟悉，话当然都挑好听的说。试想一下，如果整个办公室的人都跟那个同事说："你烤的饼干好好吃啊！"对方当然很难分辨这是场面话，还是真心觉得饼干很好吃。

相反，如果你用丑话当作开场白，对方反而会觉得"他都这么坦白了，那想必是真心的"。而一旦他觉得你是在讲真心话，那接下来你的"反转"，也就是"过去对你的刻板印象是不对的，原来你这么棒"就不会让对方觉得像场面话了。

要注意，这个技巧中讲的"印象落差"，不一定要"由黑转红"，只要是按照"原本没想到，现在你居然……"这种思路说出你心里的印象变化就可以了。所以，用"好上加好"的说法，同样也能创造落差感。比如，你说"我过去只觉得你工作很靠谱，没想到你还这么会生活"，这时候，你就是在传达你对他的看法的变化。而这种话，通常你只会对熟悉的、重要的人说。换句话说,当你向对方坦陈他在你心中"由黑转红"的经过时,他不仅会有成就感,更重要的是,对方会感觉到你是把他当成了自己亲近的人。

❸ 反向赞美法

案 例

例如,两位同事在同一个项目团队中工作,其中一位同事可能对另一位同事的提案持有不同意见。在这种情况下,直接的批评或否定可能会损害工作关系。

常见的说法:"我不太同意你的观点"或者"我觉得你说的不对"。

更好的说法:"我非常欣赏你对这个问题的深入思考,你的提案中有很多创新的点子。同时,我想补充一些可能的考虑因素,也许我们可以一起探讨,看看如何将这些想法融合得更好。"

1) 把分歧转化为共同探讨

这种方法实际上是通过赞美对方的想法和努力,来建立一个基于相互尊重的讨论氛围,从而促进有效沟通。每个人都有其独特的观点和专长,平行沟通的目的是发现并利用这些差异,共同寻找最佳解决方案。

2) 反过来提出建设性的反馈

例如,"我认为你的提案在某些方面非常出色,也许我们可以在此基础上,加入一些额外的元素来增强它。"这种反过来提出建议的态度,不是简单的批评,而是一种合作的姿态。这样一来,分歧就成为寻求共识和创新的契机。

除此之外,在此类情境中,还可以通过"共同制订行动计划"来增强团队的协作感。团队成员可以一起讨论各自的意见,找出共同点,并制订一个所有人都能接受的行动方案,这样不仅能够解决分歧,还能够加强团队的凝聚力。

❹ 赞美回应

案 例

每当工作和学习上做出点成绩被人夸的时候,很多人会觉得尴尬,不知道该怎么回话。太谦虚会被说矫情,不谦虚又会得罪人,面对这种两难的情况,应该怎么说话才得体呢?

常见的说法:"没有啦,这只不过是运气好/小聪明而已。"

更好的说法:"我就是下了点笨功夫而已。"

当你试图以自我否定的方式表现谦虚的时候,也给表扬你的人出了一道难题。因为你越是说自己其实没那么好,对方出于客气,就越是要证明你其实比自己说的好得多。比如,对方夸你:"最近老是考第一,你真是学霸啊!"你如果回答:"哪里哪里,纯粹是运气好而已!"对方一定会接着说:"一次是运气,次次都第一那就不是运气,你就是有这个天分啊!"而你接下来再说自己其实没那么厉害,他就会层层加码,最后你也累,他也累。

可是,如果你的回应是:"没什么啦,我就是下了点笨功夫而已。"对方最多说一句"那是你谦虚",几乎不可能接着加码。因为"下了多少笨功夫"这件事,除了你自己,别人是不可能知道的。所以,把成绩归功于自己的努力,反而是最能让别人接受,也最能让夸奖适可而止的方法。谦虚还是要有的,但是谦虚的方向,不应该是否定自己的成绩,而应该是肯定自己的努力,借以说明自己"没什么了不起"。这是一个既不得罪别人,也不显得自满的好办法。

(二) 提出要求

❶ 先让他拒绝你

如果你提出的是一个"不情之请",一个对方完全有理由拒绝你的请求,那么,不要把你真正的要求放在第一个问。你可以先提出一个对方不太可能同意的要求,让他拒绝之后再提出第二个真正的请求。这样一来,对方出于歉疚,也就比较容易接受请求了。

曾经有这样一项调查,研究者在校园里询问大学生:"你好,我们这边有一项针对少年犯罪者的辅导计划,请问你愿不愿意担任志愿者,在周末的时候,带那些误入歧途的少年去动物园或游乐场玩一天呢?"结果,83%的受访者直接就拒绝了。于是他们换了一下问法,先问那些大学生:"我们有一项针对少年犯罪者的辅导计划,你是否愿意担任志愿者,为那些误入歧途的少年辅导课业,一周两小时,连续两年?"显然,这个要求几乎遭到了所有的受访者的拒绝,因为实在是太难为人了。但是,他们又进一步问对方:"没关系,那你愿不愿意担任志愿者,在周末时带他们去动物园或游乐场玩一天呢?"一模一样的要求,一样是大学生,只不过是换了一个问法,居然就有50%的同学,愿意带这些少年去动物园或游乐场了。从原本的83%拒绝,到后来的50%答应,这中间的改变,是所有说服大师都梦寐以求的结果。

这种提要求的技巧会有如此惊人的效果,原因是:第一,后者看起来感觉门槛低了很多;第二,你刚刚才拒绝了对方,心里其实总是会有一点过意不去的,所以当第二次,对方把要求突然降了下来,然后再问一次,你多少会希望能有一个补偿的机会。

❷ 不贴标签,不判对错

案 例

我是一个住宿舍的航空公司职员,睡觉时对声音和光线异常敏感。我的室友是一个"富二代",特别以自我为中心,作息不规律,时常打扰到我的睡眠。我曾经反映过,没有太大的改善,但我又不想把话说得太重而得罪同一个屋檐下的人,该怎么办呢?

常见的说法:"你的作息太不规律了,非常影响我休息,能不能拜托你早点睡呢?"

更好的说法:"我跟你的生活习惯很不一样,该怎么想办法互相配合跟调整呢?"

"标签"跟"对错",往往是阻碍沟通最大的绊脚石。因为你一旦开始在意标签跟对错,事情就会陷入非黑即白的冲突之中。既然你非要争个输赢,那么也就不太可能达到沟通的效果。

比如说,有过集体生活经历的人,大都会遇到"就寝时觉得吵闹"这个问题。可是,对这个问题的界定不一样,你的感觉也会大不相同。假设你的眼睛盯在"我被吵得睡不着觉"这一点上,就会觉得是别人在干扰你。

按这个思路想,你的作息是"正常"的,别人的作息是"不规律"的;你是"安分守己"的,别人是"以自我为中心"的。这么一来,立马就出现了四个标签,而且什么都是你对,对方不管在生活习惯上还是在道德素养上,都是有问题的。你带着这样的成见去跟别人说早点睡,不管自己觉得多客气,都会让人觉得不舒服的。

但是你反过来想想,你的这个想法,一定就是对的吗?有没有可能,这些标签都只不过是你硬加上去的?当你试着把先入为主的东西都去掉,就会发现,很可能并没有什么高高在上的"富二代",也没有谁是成心跟谁过不去、生活习惯又糟糕的自私鬼。真实的情况,不是谁对谁错,只不过是"作息习惯不一样"而已。有些人睡觉比较挑剔环境,有些人睡觉不太容易被干扰,有些人习惯十一二点睡觉,有些人习惯五六点起床,仅此而已。

而如果只是习惯的不同,这就比较容易沟通了,因为你们需要的只是彼此配合而已。习惯这种东西,通常不是对错的问题,只不过是看个人怎样才舒服罢了。但是要注意,如果想让对方配合,你就不能先用负面的标签看待、定义对方,也不应该用负面的情绪去揣测、归类对方,让空气里充满"火药味"。

本着这种"协商"的态度,你们完全可以想出更多的对策,比如购买眼罩、耳塞,或者是制订一个有弹性的寝室作息时间表,等等。只要双方都表现出善意而非抱怨,一切事情都是可以商量的。就算最后你们发现,根本没办法解决,只能调换寝室,甚至是有一方搬出去住,这个结果也不会伤害大家的感情,而这才是最重要的事情。

总之,每个人都不太一样,而且这种差异性,大多数时候都不存在对错之分。但是,到了社会上,有一个很重要的课题,就是"学会适应"。和室友的作息时间不同,却要生活在同一个屋檐下,其实就是学习适应的功课。不仅要和对方沟通,而且更要学会跟自己沟通,学会用不带成见的方式想问题,才能用聪明、不引起纠纷的方法,为自己争取利益。这就叫"君子和而不同"。

❸ 正向激励而非直接要求

案 例

假设在工作团队中,你希望同事在完成各自的任务后,能主动分享工作进展,以促进团队协作和信息流通。直接提出要求可能会让同事感到压力或不舒服。

更好的说法:"我非常欣赏你之前在项目会议上分享的进展,这让整个团队对项目有了更清晰的认识。如果你能定期更新你的工作状态,我相信这对我们团队的协作会非常有帮助。"

在平行沟通中,我们经常需要向同事或同伴提出某些期望或请求,以促进团队合作和提高工作效率。然而,如何恰当地提出这些要求,既不会让对方感到被命令,也不会显得过于随意,是需要技巧的。

以期望同事分享工作进展为例,如果直接说:"你以后每次完成任务都要告诉我们。"这可能会让对方感到被命令。相反,通过正向激励的方式,可以增加对方执行要求的意愿。

具体做法是,当同事做了你希望他们做的事情时,给予积极的反馈和认可。例如,当同事主动分享工作进展时,及时表达你的赞赏和感激:"你的分享对我们非常有帮助,我真的很感激你能这样做。"

通过这种方式,同事会感觉到自己的行为是被欣赏和需要的,这会激发他们继续这样做的动力。同时,这也避免了直接提出要求可能带来的负面感受。

此外,当同事按照期望行动时,给予正面的反馈。例如:"每次听到你更新工作进展,我都感到非常安心。"这样的正面激励不仅能够强化对方的积极行为,还能增强团队的凝聚力和合作精神。

通过正向激励而非直接要求的方式,可以在平行沟通中建立更加积极和支持性的工作环境。

(三) 表达感谢

1 除了谢谢,还有开心

案 例

有人送了我生日礼物,我该怎样答谢才得体?
常见的说法:"太谢谢你了!让你破费真是不好意思!"
更好的说法:"哇!这个东西我想要好久了!好开心!"

其实,别人送你礼物多半时候要的不是你的感谢,而是你被打动后开心的样子。所以直接地表达开心,其实才是最好的道谢。

"谢谢你"是很普遍的社交词语。对方从"谢谢你"三个字里,也看不出来你到底喜不喜欢这个礼物。传统的道谢方式虽然给人感觉很有礼貌,但是也很有可能会增加对方的紧张感,因为他得马上接话说:"哪里哪里,一点小小的心意而已,我还怕配不上你呢……"这种道谢方式,其实就是在考验两个人的"谦让"技巧。你有义务证明,你自己配不上这么重的礼物;而他得证明,他的礼物配不上你们的情分。

而"直接地表达喜悦"就不存在这两个问题,因为这样做既充分表达了你的感谢,又不会让双方陷入互相谦让的尴尬。事实上,不管对方只是想让你开心,还是顺带希望你领他这份情，他都是希望看到你是开心的。所以，与其把"谢谢"挂在嘴边让他听见，倒不如直接挂在眉梢眼角，让他感受到。因此，相较"谢谢你！让你破费了"，一句"哇！这个东西我想要好久了！好开心"会让送礼的人更满足、更有成就感。

如果礼物本身并没有让你开心，也不用伪装。因为你仍然可以针对他的心意，来表达自己的开心。比如说，对方送的生日礼物，你实在挑不出哪里值得夸，也可以说："没想到你还记得我的生日，我真的好开心！"

❷ 下次你帮我

案例

帮了别人一个大忙，对方对我千恩万谢。我越是说"没关系，别放在心上"，他就越是诚惶诚恐，弄得我也很紧张。但是，我也不希望对方真觉得这件事很容易，毕竟我也是费心费力才办好的。那么，怎样能避免这样的尴尬，又能让对方领我这个情呢？

常见的说法："别客气，不用放在心上，只是小事。"

更好的说法："没什么，下次我也要麻烦你。"

"知恩图报"和"施恩不图报"都是中华民族传统美德，一般的社会规范是，道谢的一方要强调大恩大德，而被道谢的一方要轻描淡写。可是，遇到"施大恩大惠"的情况，被道谢的人如果轻描淡写地跟对方说"别客气，小事而已"，反而会让来道谢的人压力更大。这是因为，如果只接受恩惠而无法回报，对方会觉得自己欠了一个大人情，这种歉疚感会让人很难受。而且，别人觉得是天大的忙，如果你觉得是不值一提的小事，很可能会让对方自觉低你一等，长久下去，你们的关系也会渐行渐近，"升米恩，斗米仇"正说明了这种心理机制是存在的。

其实，帮了别人的忙，完全不用陷入这样的尴尬。无论是从减轻对方心理压力的善意出发，还是从建立更亲密的关系的考虑出发，你都可以直接用"下次我也要麻烦你/下次轮到我麻烦你"来回应对方的道谢。这样讲更加厚道，也可以减轻对方的压力跟亏欠感。

美国心理学家弗兰克·弗林曾经专门研究过受到帮助者的心态。他发现，如果提供帮助的人在施以援手之后，立刻强调这是一段互惠的关系，那么这些受到帮助的人会觉得自己更受尊重。结果是，他们不但表现出了更强烈的感激之情，而且也让彼此的关系更加亲密。

所以，帮了别人的大忙，别人来道谢的时候与其习惯性地客气几句，倒不如半开玩笑半认真地说："没事，下次轮到我麻烦你！"不然的话，对方一直觉得欠你人情，对你特别客气，日后相处起来难免有些不太自然。而且，"下次轮到我麻烦你"这句话，还有另一个好处——等到你需要他帮忙的时候，你也能够更自然地提出请求。试想一个刚受了你的恩惠的人，听到你顺势提出请求"下次轮到我麻烦你"，对方通常会很大方地直接答应下来。而这恰恰给你下次开口求助做了很好的铺垫。像这种别人无法开口拒绝的情况，心理学家罗伯特·B·西奥迪尼称其为"特权瞬间"。你应该把握好这个瞬间，让他给出承诺，巩固你们的互惠关系。

即使你并不期待对方真的会回报你,而是希望对方能感受到被尊重,那也可以用这个说话技巧来强调彼此的互惠关系。例如,你在路边看到有街头艺术家在拉小提琴,你决定掏钱支持他,但是又不希望他觉得你是在施舍,那么你在给他钱的时候可以说一句:"你拉得很好听,我觉得很享受。"这样对方听了,会觉得更受尊重,因为你是以"互惠"的方式来处理你们之间的关系的。

❸ 我知道你帮了我什么

我们向人致谢的时候,只是一直说着简单的"谢谢",却不说我们感谢对方的原因,那也不是有力量的致谢。

在颁奖典礼上,获奖者往往会在感谢配偶时说:"感谢你多年来在幕后的默默支持。"或者在纪念已故父母时说:"感谢你们给予我生命。"虽然都只是这么简短地加了一句话,却因其真诚和针对性,往往更能打动人心,引人共鸣。在日常生活中,我们对服务人员说"谢谢",这体现了基本的礼貌;对合作的乘客说"谢谢您的配合",这是出于礼仪。然而,这些感谢往往缺乏深度,不能充分表达我们对他人帮助的真正感激之情。

真正的感激应当是对他人具体行为的认可和赞赏。例如,对于在关键时刻提供帮助的人,我们可以说:"感谢你在我急需帮助时伸出援手。"对于在工作中给予我们机会的人,我们可以说:"感谢你对我的信任和支持,这对我的职业发展至关重要。"

心怀感激的时候,用言语表达出我们感激对方的理由,这不只是关于礼仪、关于说话,这是关于我们立足在这世上的心态:我们是否真正意识到,正是他人的支持和帮助,使我们能够取得今天的成就?历史上有许多智者强调了感恩的重要性。例如,我们常说:"善欠人情,懂报人恩。"这句话道出了感恩的核心:互相帮助,是人际关系的基石。如果我们不能区分感谢的种类或感激的程度,那么我们在人际交往中就难以做到恰当地表达和回报,从而影响我们与他人的关系。因此,我们应该练习如何表达感谢。不仅仅是简单地说"谢谢",而是应该具体说明,例如,"我非常感谢陈医生,因为他花费了6个小时为我进行手术,使我得以康复。""我特别感激金小姐的援助,若非她及时借给我10万块钱,我的公司可能已经倒闭。"

如果你在求职过程中得到了帮助,你可以这样表达:"谢谢您在机会来临时能够想到我、推荐我,还耐心地指导我如何在面试中更好地展示自己,最终帮助我获得了理想的工作。我日后去了公司一定好好干,不辜负您的帮助和厚望。如果以后有什么您用得上我的地方,我肯定全力相助。"可以借由说出口的话,训练自己感激的习惯,也学会如何恰当地表达感激之情。重要的是要记住:你说出什么样的话,你就会成为什么样的人。

✈ 实操训练

1.当同事夸奖你新做的发型很不错时,你如何回复?

_____

_____

在线答题

2.你所在社团要完成"艾滋病宣传日"的千人签名活动,你会如何和过往的同学提出签名要求?

_____
_____
_____

任务三　了解下行沟通的策略与技巧

沟通是管理中不可或缺的组成部分,它在管理中扮演着核心的角色,甚至可以被视为一种关键的管理工具。将管理视为一个有生命的实体,沟通便是其生命的循环系统。从某种意义上讲,管理的本质即沟通。对于身高高位者而言,沟通不仅是其日常工作中不可或缺的技能,也是展现管理智慧和艺术的途径,更是时代发展对管理者提出的必然要求。有一项问卷调查显示,高达79.9%的受访者认为,当前领导干部最需要提升的能力是沟通协调能力,这一点在所有需要提升的能力中排名第一。

下行沟通是一种自上而下的信息流通方式,它代表着组织内部高层向基层传递信息的过程。这种沟通的主要目的是实现对组织的控制、提供明确的指导、激发员工的积极性以及进行绩效评估。下行沟通的常见形式包括发布管理政策宣示、分发备忘录、任务指派以及下达具体的工作指令。

一、下行沟通的主要作用

在组织管理中,下行沟通扮演着至关重要的角色,它远非简单的指令传达,而是一个深入的双向互动过程。其核心价值在于促进员工深刻理解并认同公司的方针政策与战略规划,从而获得他们的支持。这种沟通方式能够激发员工的内在动力,推动组织决策和计划的高效执行,最终实现组织目标的达成。

（一）了解组织的愿景、方向、政策和战略意图

管理者应清晰界定每个成员的工作目标、职责和权限,确保团队成员能够明确自己的角色和方向,朝着共同的目标努力。这不仅有助于提高团队的工作效率,还能增强成员对组织目标的认同感和归属感。

（二）分享工作中遇到的挑战和需求

在工作中,管理者与团队成员应进行充分的沟通和协商,说明工作中遇到的挑战和问题,共同探索解决方案。这种开放和包容的沟通方式能够显著提升员工的参与度和归属感,从而增强团队的凝聚力,培养团队的协作精神。

(三)协调组织内部各层级和部门活动

下行沟通促进了不同层级和职能部门之间的相互理解和协作,通过有效的信息流通,加强了组织内部的联系。这不仅有助于解决跨部门的协作难题,还能提高整个组织的运作效率和响应速度。

二、下行沟通的技巧

下行沟通是一种艺术与科学的结合,它要求我们在传达思想时既要有深度,又要明确目的,同时还要关注沟通的成果、保证质量,并且提高效率。这种沟通不仅体现在日常的言语交流中,更体现在对员工的深切关怀和理解上。

(一)平等对话

在团队中,员工的不满往往源自对细节的不满或对某些问题的不合理诉求。这通常与员工的个人习惯或敏感性紧密相关。面对这种情况,管理者应通过平等的对话来解决问题。管理者需要真诚地倾听员工的声音,耐心地解答他们的疑问,并对不合理的抱怨给予友好的指正。对于那些指向公司管理或员工工作中的实际问题的少数抱怨,管理者同样需要以平等的态度进行沟通,首先安抚员工的情绪,防止不满情绪的扩散,随后进行适当的安抚或其他必要的处理。

(二)就事论事

在人际交流中,我们应该遵循一个基本原则:专注于问题本身,避免将个人情感掺杂其中。即使存在不同意见,也应保持尊重,共同探讨解决方案,以推动问题的有效解决。

(三)注重效果

沟通的最终目标是寻找并实施有效的解决方案。在表达不同意见时,应在相互信任的基础上,以温和的方式提出建设性反馈,并使用委婉的语气,避免使用绝对或不容置疑的措辞。

(四)及时响应

及时沟通有助于在问题萌芽阶段就将其解决,防止问题的扩大化。这不仅可以将负面影响降至最低,简化问题处理过程,而且还能防止问题的长期积累,避免由此带来的经济成本增加和人事上的不必要负面影响。总之,及时沟通对于提高问题解决效率和行政效能至关重要。

(五)准确简明

管理者不应假设所有下属都能完全理解其言语。鉴于员工的教育背景、工作经验和工作环境的差异,他们对沟通内容的理解能力也会有所不同。在日常沟通中,应避免使用冗长复杂的句子和过多的专业术语,确保数据的准确性;在表达时,应谨慎选择表达程度的词汇,避免使用含糊不清的修饰语,力求精确和恰当。最有效的沟通方式是采用"5W2H"的框架,使表达简洁明了、易于理解。

三、与下属沟通的方式

(一)下达命令

命令是上司对下属的一种权威性指导,其目的是确保下属按照既定的意图完成特定的任务。然而,命令的下达也是一项沟通艺术,需要巧妙地平衡权威与亲和力之间的关系。

1 明确传达命令的意图

确保命令清晰、具体,涵盖"5W2H"的要素,让下属能够准确理解任务要求。

2 保持和善的态度

用词礼貌,避免命令式的语气,减少对下属的压迫感。

3 授予自主权

在下达命令的同时,给予下属一定的自主空间,让他们在完成任务时有更多的创造性和主动性。

4 共同探讨问题

与下属一起深入讨论工作任务,鼓励他们提出疑问和建议,共同寻找最佳解决方案。

5 积极回应疑问

对于下属的疑问,要及时、耐心地解答,确保他们对命令的理解和执行无误。

(二)赞扬下属

人们对赞美的渴望是与生俱来的,它跨越了社会阶层和年龄的界限。正因如此,许多管理者将赞美视为一种关键的激励策略。在对下属表达赞美时,管理者应保持真诚的态度,确保表扬的内容具体明确,并且选择恰当的场合进行表扬,同时巧妙地运用间接赞美等技巧,让下属深切感受到赞美背后的善意。

赞美的形式多种多样,它既可以是口头上的称赞,也可以是通过奖励或奖金体现的认可。无论采取哪种形式,赞美都是对下属工作成就的肯定,有助于满足他们实现自我价值的需求。因此,作为管理者,应致力于发现并赞扬下属的点滴进步和优点,培养一种积极的赞美文化。在实施赞美时,管理者应注意以下几个要点。

1 真诚的态度

赞扬时,态度要真诚,避免过度夸张或不真诚的表现,确保下属感受到自己的真心。

2 具体的内容

表扬时,要具体指出下属的优秀表现或成果,避免笼统或模糊的表述。

3 恰当的时机

选择适当的时机进行赞扬,如在完成任务后或在团队会议中,以增强赞扬的效果。

4 适宜的场合

根据赞扬的内容和对象选择最合适的场合,有时私下的赞扬可能比公开的赞扬更有效。

5 告知周围的人

适当地在他人面前赞扬下属,可以增加赞扬的影响力,同时也能提升下属在团队中的地位。

(三)批评下属

俗常言道:"金无足赤,人无完人。"在职场中,下属难免会有不足或犯错的时候。作为上司,及时提出批评和指正是十分必要的。然而,批评应当有策略,因为人们天生对批评有一定的抵触感。面对批评,人们通常不会像面对表扬那样感到舒适,有时甚至会产生逆反情绪。因此,上司在批评时必须掌握正确的方法,以确保批评能够达到最佳效果。

在对下属进行批评时,应避免直接指责,坚持对事不对人的原则。批评应以解决问题为目标,态度要真诚,并选择合适的时机和场合。避免在公共场合或下属的下属面前批评,以免伤害到下属的自尊和自信。批评应基于事实,避免无端指责,更不应因一时冲动而过度批评。语言应委婉,采用温和的方式,通过理性和情感的引导,循序渐进地进行。

批评的艺术可以借鉴"汉堡包"原则:首先表扬下属的优点(面包),然后提出需要改进的问题(牛肉),最后以鼓励和期望接受(面包)。具体来说,批评下属时应做到以下几点。

(1)要先查明事情的真相。

(2)以真诚的赞美作为开场白。

(3)在批评之前,应听取对方的解释和申诉。

(4)在指责时,要避免伤害下属的自尊和自信。

(5)掌握批评的技巧,最好是私下进行纠正。

(6)以友好的方式结束批评。

(7)避免对下属进行人身攻击。

(8)在批评时,要指出避免再犯的方法。

(9)从下属的角度出发,考虑问题。

在实际工作中,上司和下属之间难免会有意见不合的情况。作为上司,应积极调整心态,多从下属的视角思考问题,正确处理下属的反对意见,以开放的心态进行沟通。无论最终结果如何,这种态度都能带来最大的利益。同时,面对下属之间的矛盾,上司应保持冷静和公正,不偏不倚,避免利用矛盾进行打击报复,要调整好自己的心态,公平地处理问题。

实操训练

LASI领导风格测评问卷
(Leader Adaptability and Style Inventory)

说明：这是一份用来了解你的领导风格的问卷，共有12道题，每道题目代表一种状况，了解当你面对这些状况时的做法。请注意，每个答案并无好坏之分，所以请你依照"实际上"你将会如何处理来回答，而不是考虑"理论上"应该怎么做。每道题都是单选题，请选择合适的选项。

状况1：
新员工，正在接受岗前培训，他很想把事情做好，并非常自信，只是还没有多少工作方法和经验。这时，你会（   ）。
A.指导下属按标准步骤完成工作
B.提出工作要求，也听听下属的建议
C.询问下属对工作目标的想法，并予以鼓励和支持
D.尽量不干扰他

状况2：
你的下属经过一段时间的培训，已基本了解自己的工作职责和工作流程，只是与前一阶段相比工作动力明显不足。这时，你会（   ）。
A.友善地加强互助，但继续留心他的表现
B.尽量不做什么
C.尽可能做出一些让他们感觉自己很重要并且有参与感的安排
D.强调工作完成的重要性及期限

状况3：
你的下属遇到挑战性的问题，显得信心不足。过去虽然有类似情况，但在你的鼓励下多半问题都能自行解决，而且人际关系也很正常。这时，你会（   ）。
A.加入进来和他们一同解决问题
B.让他们自行处理
C.尽量纠正他们
D.鼓励他们针对问题自行解决，并适时给予意见

状况4：
你正计划做一项工作程序变革，而你的下属在这方面有丰富的经验，并期待着改革尽快实施。这时，你会（   ）。
A.让他们来共同参与变革，并适当提供意见
B.宣布变革并严密地予以监督
C.让他们自行变革，将结果向你汇报
D.听取他们的意见，但决定权在于你

状况5：
你刚接任一个工作效率一般的团队，前任主管经营的生产力较低，你知道团队成员对

你的到来充满了信任和期待。这时,你会( )。

A.让他们来决定自己的工作方向和内容

B.听取他们的意见,仍关注其工作是否达成目标

C.重新设定目标,指导并监督他们完成任务

D.让他们自己设定目标,并予以支持

状况6:

几个月来,你的下属表现一直处于低谷,他们不在意是否达成目标,你想带领团队尽快度过这个时期,提升生产力,且使工作环境能更人性化。这时,你会( )。

A.尽量做些使他们感觉很重要并有参与感的安排

B.强调按时完成工作的重要性

C.尽量不去干扰他们

D.听听他们的意见,鼓励并指导他们达成目标

状况7:

你的下属建议改变部门内部的架构,而你也认为很有必要,日常工作中下属拥有足够的弹性和工作经验,只是遇到重大问题时他们还缺乏足够的勇气。这时,你会( )。

A.悉心指导并监督改变

B.认可他们的建议,由大家集思广益进行改变

C.听取他们好的意见,并控制改变的进行

D.顺其自然,相信他们自己能够变革成功

状况8:

你的下属表现杰出,在团队内维持良好的人际关系,尽管你很少过问,但常常有令你意想不到的业绩出现,偶尔你也感觉到无法掌握他们的工作方向或进度。这时,你会( )。

A.顺其自然,由他们自己去完成工作

B.跟他们讨论,并着手进行需要的改变

C.以明确的态度,来指示他们工作的方向

D.为避免伤到上司和下属之间的关系,不作太多的指示

状况9:

你的上司指定你负责一个工作团队,但该工作团队对工作目标认识不够清晰,每次会议的效率很低,常常会而不议、议而不决,可是你知道他们想把事情做好,只是缺乏经验和必要的指导。这时,你会( )。

A.顺其自然

B.听取并采纳他们的良好建议,同时监督目标的达成

C.重新界定目标,指导并监督他们完成工作目标

D.让他们加入进来,共同参与目标的设定

状况10:

你的下属,以往对工作都很有责任感,最近由于工作经验不足而遭受挫折,并对新设定的工作任务敷衍了事。这时,你会( )。

A.让他们共同参与,明白地重新界定

B.重新界定工作任务,并细心地督导

C.避免施加压力,造成麻烦

D.采用他们的建议,但留心新的目标是否达成

状况11:

你刚新任一个职位,以前这个职位的主管较少参与下属的事务,而下属多数情况下能够自己处理事务,并保持和谐;面对你布置的新任务,他们显得有些信心不足。这时,你会( )。

A.以明确的态度来指导他们工作

B.让他们参与决策,并鼓励他们做出一些贡献

C.和他们讨论过去的表现,并要求他们按照新程序工作

D.顺其自然

状况12:

最近,下属之间有些内在的问题,但他们以前表现很好,且维持很长时期的目标达成。这时,你会( )。

A.试着和他们一起解决问题

B.让他们自己解决

C.快速地纠正他们

D.提供讨论的机会,但以不伤害上司和下属关系为原则

按上述程序操作后,请根据以下步骤操作。

第一步:将LASI领导风格测试题中的12道选择题的答案抄在答卷上,并对照答案打出分数,随后将12道题的得分汇总。

答题卡

状况	A	B	C	D
1				
2				
3				
4				
5				
6				
7				
8				
9				
10				
11				
12				

答案

状况	A	B	C	D
1	2	−1	1	2
2	2	−2	1	−1
3	1	−1	−2	2
4	1	−2	2	−1
5	−2	1	2	−1
6	−1	1	−2	2
7	−2	2	−1	2
8	2	−1	−2	2
9	−2	2	2	−1
10	1	−2	−1	2
11	−2	2	−1	1
12	−1	2	−2	1
小计				

第二步：将你的答卷分别与S1计分卡、S2计分卡、S3计分卡、S4计分卡进行对照，并在计分卡上把重叠项标出来。比如，你的答题卡上状况1选择的是A，而S1计分卡上选择的也是A，那就表示两者重叠，请在S1计分卡上标出来。

S1计分卡

状况	A	B	C	D
1	★			
2				★
3			★	
4		★		
5			★	
6		★		
7	★			
8			★	
9			★	
10		★		
11	★			
12			★	

S2 计分卡

状况	A	B	C	D
1			★	
2	★			
3	★			
4				★
5		★		
6				★
7			★	
8		★		
9		★		
10				★
11			★	
12	★			

S3 计分卡

状况	A	B	C	D
1		★		
2			★	
3				★
4	★			
5				★
6	★			
7		★		
8				★
9				★
10	★			
11		★		
12				★

S4计分卡

状况	A	B	C	D
1				★
2		★		
3		★		
4			★	
5	★			
6			★	
7				★
8	★			
9	★			
10			★	
11				★
12		★		

第三步:数一数每一张计分卡上的标记数,并分别把它们填在下面的分数总结表格中。比如,S2计分卡上有3个标记,那就在分数总结表的S2的括号内写上3。因为有12道题,所以应该有12个标记。可能的结果是:S1为3、S2为4、S3为5、S4为0。

分数总结

( )S3支持式	( )S2支持式
( )S4支持式	( )S1支持式

接下来,说明一下这些测试题的情况。

LASI领导风格测试题共有12种状况,其中员工处于S1、S2、S3和S3发展阶段各有3种状况。正确的选择应该是采取命令式、教练式、支持式、授权式的领导风格各3次。

当你的选择正确时,每题都会得2分,最糟的选择会得-2分,所以最高分是24分,最低分是-24分。分数越高,说明你的领导风格与下属的发展阶段越匹配;分数越低,则说明你的领导风格需要根据下属的成熟度做出调整。

在S1计分卡、S2计分卡、S3计分卡、S4计分卡上与答题卡重叠的个数加在一起为12个。如果你在S1计分卡中的得分最高,表明你的主要领导风格为命令式,得分次之的为你的次要领导风格。

领导风格分析结果表

测试得分	分析结果
S1、S2、S3、S4 都为 3	最佳领导状态,领导风格有权变性
S1+S2	代表你的指挥性行为,分数越高,指挥性行为越多
S2+S3	代表你的支持性行为,分数越高,支持性行为越多
得分最高/最低的板块	得分最高的板块是你经常运用的领导风格,反之为不经常运用的

在线答题

情境二

航空器客舱扰乱行为处置沟通

学习目标

○ 知识目标

1. 掌握航空安全员非语言沟通的内容。
2. 掌握飞行中常见扰乱行为的沟通技巧及处置程序。
3. 熟悉扰乱行为触犯的法律法条。

○ 能力目标

1. 能够掌握执勤用语的使用原则。
2. 能够掌握应对飞行中各种扰乱行为的沟通技巧。
3. 能够将语言内容与非语言内容进行结合。
4. 能够根据不同情况进行灵活处置,保障航班正常运行。

○ 思政目标

1. 树立安全意识,培养"安全第一,预防为主"的信念。
2. 培养"敬畏规章、敬畏职责、敬畏生命"的民航精神。
3. 培养良好的执勤素养和用语习惯。
4. 爱岗敬业,培养严、慎、细、实的工作态度。

思维导图

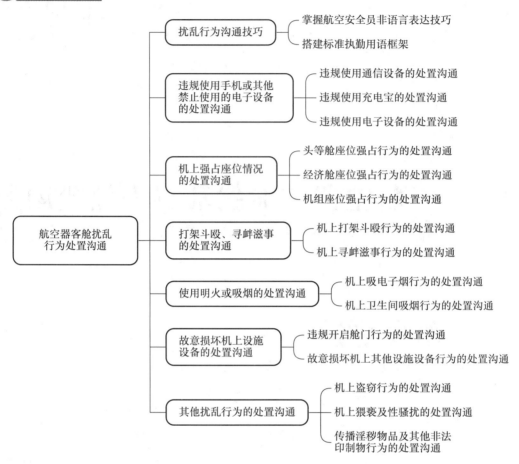

案例导入

旅客乘坐2020年9月10日××航空(福州—成都)航班,在机上有供应餐食和饮料,因此摘了口罩未及时戴上,但是机上安保人员发现后直接用强硬的语气陆续说"警告一次""警告两次""警告三次",这让他有很不好的感受,认为工作人员可以适当提醒他戴口罩,但是不用直接就警告他,于是旅客进行了投诉。

想一想: 这位安保人员为什么会被投诉呢?

行业精神

民航人三个敬畏之"敬畏规章"

敬畏规章是民航工作的底线准绳,体现了民航业的运行规律,是安全理论与实践经验的高度统一。规章是在血与泪的教训中不断总结完善出来的宝贵经验,不存在侥幸和变通,是不断与时俱进的行为操守、规范指南。敬畏规章就是要让行为形成标准,将标准纳入手册,将手册应用于行为实践;要让规章内化于心、外化于行,在工作中明底线、知戒惧,实行零容忍、严肃问责、无后果追责。

项目三　扰乱行为沟通技巧

任务一　掌握航空安全员非语言表达技巧

在航空领域,安全是永恒不变的主题。航空安全员作为机舱安全的重要守护者,他们的语言表达技巧不仅关系到个人形象,更影响到整个航班的安全秩序。在工作过程中,航空安全员的表达并不是由单一元素构成的。除了语言本身,安全员的沟通方式还包括肢体语言和声音的外在表现,这些非言语因素同样至关重要。

一、肢体语言的力量

在执勤过程中,航空安全员的肢体动作构成了非言语沟通的重要组成部分。研究表明,肢体动作在人际交流中的影响力占据了55％的比重。恰当的肢体语言能够传递出安全员的自信、权威以及对乘客的尊重。

(一)安全距离

在航空安全领域,安全员的沟通技巧至关重要,其中,保持适当的安全距离是基础且关键的一环。这种安全距离不仅能够预防潜在的身体冲突,而且为安全员提供了必要的反应时间和空间,以应对突发状况。安全员在执勤过程中,必须根据当前的环境和具体情况,灵活调整与乘客或嫌疑人之间的距离。这种调整是出于对自身和他人安全的考虑,确保在任何情况下都能够迅速有效地采取行动。

面对可能的事态升级或情绪爆发,安全员应始终保持警觉,避免在紧张或对抗的情况下处于被动。安全员在身体语言上应体现出安全距离的重要性,这不仅是自我保护的一种表现,也是对乘客的一种尊重和预防措施。通过维持安全距离,安全员能够在必要时迅速介入,同时减少意外伤害的风险。这种距离的保持,体现了安全员的专业素养和对飞行安全的坚定承诺。

在航空安全的每一环节,安全员都应将保持适当安全距离作为标准操作程序的一部分,以确保每一次飞行任务的顺利完成。特别是在与异性乘客沟通时,保持适当的安全距离显得尤为重要,这不仅体现了对乘客的尊重,也是对自身职责的一种体现。安全员的这种专业行为,有助于构建一个安全、和谐的飞行环境,确保乘客和机组人员的安全与舒适。

(二)警戒姿势

在安全领域,警戒姿势是安全员非言语沟通中不可或缺的一环。它不仅能够无声地传递出安全员的权威感和警觉性,还能在无形中增强现场的控制力。安全员必须根据当下的具体情况,灵活调整自己的警戒姿态,以确保环境的秩序和人员的安全。

在面对一般性的扰乱行为时,安全员可以采取轻度警戒姿势。这种姿势通常是通过双手交叠,将主导手(强手)置于非主导手(弱手)之上,轻轻放置在身前(见图3-1)。这个动作既显示出安全员的沉着冷静,又能够随时准备应对可能发生的小规模冲突。

图3-1 执勤警戒姿势

然而,当安全员观察到对方情绪激动,甚至可能存在潜在的危险性时,他们需要迅速提升警戒级别。这时,安全员应采取更为明显的警戒姿势。此外,安全员的眼神应保持警惕,密切观察对方的行为和情绪变化,以便在必要时迅速作出反应。

安全员的警戒姿势不仅是对自身安全的保护,更是对周围环境秩序的维护。通过恰当的肢体语言,安全员能够在不引发对方敌意的情况下,有效地传达出自己的专业态度和应对能力,从而在无形中降低冲突升级的可能性。这种无声的力量,正是安全员在维护公共安全中不可或缺的技能之一。

(三)目光交流

目光交流在处理扰乱行为时的重要性不言而喻,它是安全员与他人沟通时最为直接且有力的非言语信号。安全员的目光应当坚定而有力,这不仅体现了他们的专业性,更彰显了他们的决心和自信。在执勤过程中,安全员代表的是国家的形象,肩负着保护机上人民生命财产安全的重任,因此,他们的目光必须坚定不移,不容有丝毫的犹豫。

安全员在执勤时,应避免目光游移或闪烁不定,因为这样的表现可能会被误解为缺乏自信或决断性不强,这不仅不利于安全员树立专业形象,还可能助长扰乱行为者的气焰,从而对航空安全构成威胁。相反,通过稳定而坚定的目光,安全员能够增强自身的威严感,这种威严感能够无声地传达出对乘客和嫌疑人的尊重,同时也能够对潜在的扰乱行为产生震慑作用。

此外,安全员在进行目光交流时,还应注意保持适度的眼神接触,避免过长时间的直视,以免造成对方的不适或敌意。通过恰当的目光交流,安全员可以在不言之中建立起一种权威而又尊重的氛围，这不仅有助于维护秩序，还能够在必要时有效地化解紧张局势，确保航空器的安全和机舱秩序。

二、声音的外在表现

声音的外在表现是航空安全员与乘客沟通时不可或缺的一部分，通过对音量、语气、语速和语调的细致把握，安全员能够在执勤过程中更有效地与乘客沟通，确保信息的准确传达和飞行的安全。这些声音的外在表现技巧，是安全员专业素养的重要体现，也是维护良好机舱秩序的关键。

（一）音量

在航空安全员的执勤过程中，客舱环境的特殊性——嘈杂的声音、有限的空间和密集的人员，要求安全员在沟通时必须采取特定的策略。在这种情况下，安全员的语音必须足够响亮，以确保不仅当事人，而且周围的乘客都能够清晰地听到。这样做的目的是确保执勤用语能够有效传达给当事人，同时也让周围的乘客了解安全员的身份和正在执行的任务的合理性、合法性以及规范性。

当遇到不理智或闹事的当事人时，如果周围的乘客能够清楚地听到并且目睹整个事件的经过，他们就更有可能给予安全员有力的支持，并可能提供证词，甚至与安全员一同谴责有不当行为的当事人。这种公众的支持对于安全员工作的顺利完成至关重要。相反，如果安全员的声音太小，以至于连被警告的当事人都听不清楚，更不用说周围的乘客了，那么一旦发生争执，周围的乘客将只能带着疑惑的表情观望，无法为安全员作证或为事件的良好解决提供帮助。

因此，安全员在执勤时必须注意自己的音量，确保沟通的清晰度和有效性。这不仅是为了确保任务的顺利执行，也是为了在必要时能够得到周围乘客的理解和支持。通过这种方式，安全员能够在维护航空安全的同时，也有效维护乘客的权益。这种沟通技巧的运用，展现了安全员的专业素养和对职责的深刻理解，是确保航空安全不可或缺的一环。

（二）语气

航空安全员在执勤时肩负着守卫安全的重任。在履行职责的过程中，安全员不仅需要关注实际行动，同样需要注重沟通的方式和技巧。当安全员在传达执行相关的指令或要求时，虽然用词可能会稍显严厉，但必须时刻注意自己的语气。

初次与对方交涉时，语气应避免过于强硬。温和劝说的方式往往能更有效地让对方接受自己的意见。如果对方对安全员的劝说置若罔闻，这时安全员才会逐步提升语气的严厉程度，从警告到严重警告，层层递进。

因此，安全员在执行任务时，务必调整并控制自己的语气，使其从平缓逐渐过渡到强硬。态度也应由初次的温和劝说，逐渐增强到严肃警告，最后再到严重警告的态度。切记，一开始不要采取过于强硬的口气，因为这很容易激起对方的抵触心理。

人与人之间的交流，如果缺少了逐步升级的缓冲过程，很容易导致双方立场和情绪的对立,这无疑会给工作的开展和问题的顺利解决带来不必要的障碍。所以,每位安全员都应牢记这一点,以使自己的工作更加顺利,也更能得到乘客的理解与配合。

(三) 语速

工作中,安全员在讲话时需要注意控制语速。语速不宜过快,不然会显得急躁,缺乏沉稳和威严。在执勤过程中,安全员必须以清晰明了的语言表达每一个字、每一个词,确保对方能够准确理解,避免含糊不清或需要反复解释的情况发生。过快的语速不仅会影响安全员自身的自信,还可能让对方质疑安全员执法的合法性和专业性。因此,安全员在执行任务时,务必保持沉稳、明确的语言表达,这不仅有助于有效沟通,也能提升安全员的工作效率和专业形象。

(四) 语调

在执行任务时,安全员的语调控制是一门艺术。虽然安全员多为男性,他们天生的胸腔共鸣赋予了他们低沉的声音,但过分低沉的语调可能会给人带来一种沉重或压抑的感觉。因此,安全员应该努力保持语调的平和与稳定,以传达出专业和冷静的形象。

在需要强调或表达情感时,可以适当地调整语调,使其轻微上扬,以吸引听众的注意力,但这种上扬应该是有节制的。过度的上扬可能会让听众感到说话者情绪不稳定,缺乏必要的沉稳。同时,语调的起伏应与所传达的信息内容相匹配,以增强语言的表现力。

此外,安全员在面对不同的沟通情境时,也需要灵活运用语调。例如,在紧急情况下,语调可能需要更加坚定和果断,以传达紧迫感;而在平静的日常交流中,则可以更加温和、舒缓,以营造轻松的氛围。

所以,语调的恰当运用对于安全员来说至关重要。它不仅能够影响信息的传递效果,还能够在无形中建立起安全员与乘客之间的信任和尊重。通过细心的调整和不断的练习,安全员可以更有效地使用语调,以提升自己的沟通能力。在实际应用中,安全员可以通过练习和反馈来不断优化自己的语调使用。可以通过录音和回放自己的讲话,自我评估语调是否恰当,或者寻求同事与上级的意见和建议,不断调整和改进。

任务二　搭建标准执勤用语框架

作为航空公司的一员,安全员必须在语言表达上追求精确和规范,以彰显专业性和职业素养;同时,作为航班上的安全管理者,安全员的语言还应传递出必要的严肃性和严谨性。因此,建立一套标准化的执勤用语体系显得尤为关键。这样的体系不仅能够保障沟通的专业性和高效性,还能在提升服务质量的同时确保飞行安全。

安全员在执勤过程中所运用的一些基础用语,当它们被合理地组织和串联起来,便构成了一套完整的标准执勤用语框架。这套框架是安全员执行任务时的沟通指南,可以帮助安全员以一致和专业的方式与乘客交流,确保信息的准确传达和机上秩序的维护。

一、基本语

（一）开篇语

安全员在与乘客交流时，应以权威而礼貌的方式进行自我介绍，确立在机上安全中的权威地位。例如：

"您好，我是本次航班的安全员，请问有什么需要帮忙吗？"

"您好，女士/先生，我是本次航班的安全员。"

（二）结束语

在对话的尾声，安全员应当使用恰当的结束语，以示尊重和感谢，通常可以这样表述：

"先生/女士，非常感谢您对我们工作的支持。"

这种表述不仅是对对方积极配合的肯定，也是一种礼貌的沟通方式。它通常出现在安全员成功劝说或解释之后，用以礼貌地结束对话，同时传达出安全员对乘客合作精神的赞赏和感激之情。

二、常用法律依据

在执行任务过程中，安全员会频繁地引用一些关键的法律条文来处理机上的不当行为。通过引用这些法律条文，不仅能够确保机上秩序，还能有效预防和制止扰乱行为，保障机上乘客的安全和舒适。

为了防止对民用航空活动的非法干扰，维护民用航空秩序，保障民用航空安全，维护社会治安秩序，保障公共安全，保护公民、法人和其他组织的合法权益，规范和保障公安机关及其人民警察依法履行治安管理职责，我国制定和出台了《中华人民共和国民用航空安全保卫条例》《中华人民共和国治安管理处罚法》等重要的法律法规。

（一）《中华人民共和国民用航空安全保卫条例》

第二十五条，航空器内禁止下列行为：
(1) 在禁烟区吸烟；
(2) 抢占座位、行李舱(架)；
(3) 打架、酗酒、寻衅滋事；
(4) 盗窃、故意损坏或者擅自移动救生物品和设备；
(5) 危及飞行安全和扰乱航空器内秩序的其他行为。

(二)《中华人民共和国治安管理处罚法》

第二十三条,有下列行为之一的,处警告或者二百元以下罚款;情节较重的,处五日以上十日以下拘留,可以并处五百元以下罚款:

(1) 扰乱机关、团体、企业、事业单位秩序,致使工作、生产、营业、医疗、教学、科研不能正常进行,尚未造成严重损失的;

(2) 扰乱车站、港口、码头、机场、商场、公园、展览馆或者其他公共场所秩序的;

(3) 扰乱公共汽车、电车、火车、船舶、航空器或者其他公共交通工具上的秩序的;

(4) 非法拦截或者强登、扒乘机动车、船舶、航空器以及其他交通工具,影响交通工具正常行驶的;

(5) 破坏依法进行的选举秩序的。

聚众实施前款行为的,对首要分子处十日以上十五日以下拘留,可以并处一千元以下罚款。

三、执勤用语总体原则

在处理扰乱秩序的行为时,安全员应采取逐步升级的应对原则:首先是劝说,然后是警告,最后是严重警告。这种逐层递进的方法有助于以最小的冲突最大限度地解决扰乱秩序问题。

(一) 劝说

作为应对扰乱行为的第一步,安全员要以平和、理性的态度介入。一般来说,当安全员耐心解释了相关规则,这些乘客通常能够迅速认识到错误并立即纠正。因此,在这类情况下,没有必要立即采取警告措施,这样可以避免不必要地激化乘客的情绪,减少乘机过程中的不愉快体验。这种温和的方式往往能够迅速化解误会,恢复秩序,同时保护与维护乘客的尊严和乘机体验。

(二) 警告

当劝说未能达到预期效果,或者乘客的行为持续对飞行安全构成威胁时,安全员将采取警告措施。这一步骤是明确而坚定的,安全员会指出违规行为的具体内容,并告知乘客如果不立即停止,将会面临的后果。警告是对乘客的一种严肃提醒,同时也是对飞行秩序的坚定维护。

(三) 严重警告

在警告之后,如果乘客仍然拒不配合,安全员将发出严重警告。这是对乘客行为的最后通牒,表明如果不立即改正,将会采取包括法律手段在内的进一步措施。严重警告的发出,是对飞行安全和乘客权益的最终保障,同时也体现了安全员对职责的坚守和对规则的尊重。

四、执勤用语框架

将上述内容组合起来,可以得到一个清晰而专业的执勤用语框架,适用于航空安全员在不同情境下的基础沟通。以下是执勤用语的五个关键组成部分。

(一)亮明身份

作为机上合法的执勤人员,安全员在开始工作前必须明确告知乘客自己的身份,确保自己的行动合法合理。这一点至关重要,因为只有明确了身份,乘客才会理解并接受安全员的指导。可以这样表达:

"先生/女士,您好,我是本次航班的安全员,负责本次航班的安全保卫工作。"

(二)行为定性

在执勤过程中,安全员需要准确并明确地指出乘客行为的性质及其潜在的危害,以确保飞行安全和机上秩序。以机上携带充电宝为例,安全员可以这样表达:

"在航空器内使用充电宝,易引发锂电池失火,属于扰乱客舱秩序行为。"

通过直接而专业的语言,一方面乘客能准确获知自己行为的性质,明确事态的严重性,另一方面,安全员强调了遵守安全规定的必要性,从而维护机上秩序和乘客安全。

(三)法律依据

在确保了乘客对安全员身份的了解以及对不当行为的定性之后,接下来安全员需要明确指出行为可能违反的具体法律条文。这不仅是对乘客行为的进一步规范,也是对安全规则重要性的再次强调,安全员可以这样表达:

"您涉嫌违反了《中华人民共和国治安管理处罚法》第二十三条和《中华人民共和国民用航空安全保卫条例》第二十五条相关规定。"

(四)义务规范

在确保乘客了解其行为的性质及其可能违反的法律条文之后,安全员需要清晰地告知乘客应采取的行动。安全员可以这样表达:

"请您立即停止使用并妥善保存。"
"请您立即停止您的行为。"

通过这样简洁明了的指示,安全员清楚地告诉了行为人应立即采取的行动。如果行为人能够听从指令,那么在这种情况下,安全员的执勤用语就可以画上圆满的句号。随后,安全员可以恰当地使用之前提到的礼貌用语:

"先生/女士,感谢您的理解与合作。"

这样的结束语不仅体现了安全员对乘客配合的感激,也彰显了安全员专业和礼貌的服务宗旨。

(五) 法律后果

如果对方在被明确告知行为不当后,仍然选择不采纳安全员的建议,继续不顾安全员的指引和警告,坚持自己的行为,那么安全员必须向其说明不遵守规定可能带来的法律后果。这时,安全员可以采用以下表述:

"如您拒不配合,我将根据机长授权对您采取必要措施,落地后移交相关部门,由此产生的后果将由您个人承担。"

通过这样的表述,安全员既传达了对不合作行为的严肃态度,也强调了遵守规则的重要性和不遵守规则可能带来的严重后果。

实操训练

情景模拟——航空安全员执勤用语展示

两人一组,轮流充当安全员和乘客,完成执勤用语的五个关键组成部分的展示。
要求:
逐步完成亮明身份—行为定性—法律依据—义务规范—法律后果的展示。

问答题

请简述安全员在执勤过程中处理扰乱秩序行为的总体原则。

在线答题

项目四 违规使用手机或其他禁止使用的电子设备的处置沟通

一、PED的使用范围

PED(Portable Electronic Device),即便携式电子设备。在空中使用手机时,要将手机设置为飞行模式,并关闭移动通信功能。不具备飞行模式的移动电话等设备,在空中仍然被禁止使用。

(一)空中允许使用的电子设备

(1)小型PED设备,其外形尺寸长、宽、高三边之和小于42厘米(含),如具有飞行模式功能的移动电话(智能手机)、平板电脑、电子书、视频/音频播放机、电子游戏机等。

(2)电动剃须刀。

(3)助听器。

(4)心脏起搏器。

(5)不会影响飞机导航和通信系统的用于维持生命的电子设备/装置。

(二)空中有限制要求使用的PED设备

对于大型PED,其外形尺寸长、宽、高三边之和大于42厘米,如便携式电脑等,在飞机滑行、起飞、下降和着陆飞行关键阶段禁止使用,但在巡航阶段允许使用。

(三)空中禁止使用的PED设备

(1)不具备飞行模式的移动电话,包括有电话功能的手表及移动Wi-Fi(仅通过蜂窝移动的语音或数据通信的设备)。

(2)对讲机。

(3)遥控设备,包括遥控玩具及其他带遥控装置的电子设备。

(四)PED设备的存放/保管要求

(1)大型PED应被安全存放,以免在飞机颠簸、冲击和应急撤离等情况下发生危险。

(2)小型PED有合适的固定方式即可。例如,放置在座椅口袋内、旅客手持等。

(3)PED配件(如耳机、充电线等)在飞机滑行、起飞、下降和着陆等飞行关键阶段应被安全存放,不能妨碍紧急情况下应急撤离。

(五)PED特殊情况使用限制

在以下特殊情况,应禁止使用PED(助听器、心脏起搏器等不影响飞机导航和通信系统的用于维持生命的电子设备/装置不在受限范围)。

(1) 低能见度飞行阶段及飞机疑似受到PED干扰(以机组的指令为准)。

(2) 全程禁止使用锂电池移动电源(充电宝)给PED充电。

二、处置程序及注意事项

(一) 处置程序

(1) 及时制止行为,了解行为人基本信息,识别行为性质。

(2) 制止无效的,经机长授权,安全员可对其采取必要的强制性措施。

(3) 报告机长处置情况。

(4) 如需报案的,做好证据材料的收集和保护工作。

(5) 机组报警,按照相关规定办理移交。

(二) 注意事项

(1) 处置过程中,应表明身份、提出警示、注重教育劝阻,避免矛盾升级。

(2) 对劝阻无效、情节严重、危及安全的应当依法制止。

(3) 收集证言,做好行为人和证据材料移交的准备。

 任务一 违规使用通信设备的处置沟通

案 例

2022年8月6日,某航班在地面滑行阶段,32A座旅客李先生在接打电话,经过乘务员安全检查提醒后,仍旧未停止其行为。安全员在31C座位旁边对其进行第一次提醒。提醒无效后,由于飞机即将起飞,安全员起身对其进行第二次提醒,后续并未离开,该旅客一直告知安全员"等等"。第三次提醒时,安全员将执勤记录仪打开(有21秒视频记录),一直持续到7点27分旅客将其手机挂断,且旅客并未将手机调成飞行模式。旅客对安全员在他身旁站着并且对安全员态度表达不满,告知安全员"别走,可以一直盯着我有没有将手机调成飞行模式"。后续航班过程中,32C座旅客作证安全员工作并无有过失之处,并留有附近旅客的书面证词。后续航班过程中安全员想与32A座旅客李先生进行沟通,但李先生全程拒绝沟通。

想一想:飞机上违规使用电子设备处置语言应该是怎样的?

一、沟通技巧

(一) 初次沟通

初次沟通,可以使用如下语句:

"您好,我是本次航班的机组成员(亮明身份),为了保障飞行安全,现在请您立即关机或将手机调至飞行模式。谢谢您的配合!"

"先生/女士,现在飞机正在起飞/下降,请立即关闭手机或调至飞行模式,否则将危及飞行安全。谢谢配合!"

(二) 当事人不听劝阻时

当事人不听劝阻时,可以使用如下用语:

"先生/女士,现在开启手机将会危及飞机安全,请您立即关闭手机或调至飞行模式,否则我们将依法采取措施。"

(三) 遇有拒不执行且态度蛮横的旅客

遇有拒不执行且态度蛮横的旅客,可以使用如下用语:

"我是本次航班的安全员,依照国家相关法律规定及机长授权对执勤工作进行录音录像,请您配合。您的行为违反了《中华人民共和国治安管理处罚法》的规定,请立即关闭手机,否则我们将依法采取相应的措施。"

"先生/女士,我是本次航班的安全员(出示工作证/安全执照),您的行为已经违反了《中华人民共和国民用航空安全保卫条例》第二十五条的规定,以及《中华人民共和国治安管理处罚法》第二十三条的相关规定。请您立即关机或将手机调至飞行模式,否则,您受到行政拘留5日,并罚款500元的处罚。"

(四) 有旅客举报当事人的,与当事人沟通

如有旅客举报当事人的,与当事人沟通,可以使用如下用语:

"您好,先生/女士,我是本次航班的安全员,有旅客举报您违规使用电子设备,为了保证航班的安全,我们需要确认您的电子设备是否违反了相关规定。请配合我们出示一下您使用的电子设备。"

二、相关处罚

处罚依据:《中华人民共和国治安管理处罚法》第二十三条。

情节较轻的:处警告或者二百元以下罚款。

情节较重的:处五日以上十日以下拘留,可以并处五百元以下罚款。

任务二　违规使用充电宝的处置沟通

案　例

2017年6月5日,一架波音737航班从成都飞往广州,航班时刻为14:30—16:50,机上配有一名制服航空安全员。该航班因广州暴雨延误至17:00起飞,飞行中,18D座旅客陈某一直使用充电宝给手机充电,经乘务员反复提醒后拔去了充电线。当乘务员离开后,陈某再次使用充电宝给手机充电。经安全员劝说警告,仍不听从指令。

一、充电宝禁用原因

充电宝不可以托运,是因为绝大多数充电宝采用的是锂电池,而锂电池在摩擦或者碰撞中很容易产生高温与火花。因此,如果将锂电池放入行李中托运,行李在狭小的货舱空间内受到挤压和碰撞,很容易导致锂电池发生自燃,给飞机带来严重的安全威胁。而随身携带的充电宝发生自燃后,机组人员和旅客可以及时发现并扑灭。

此外,即使带上了飞机,充电宝也是不被允许使用的,飞机升空和飞行过程中,与地面的压强是不同的,高压环境下充电宝中的锂电池会产生变化,容易发热甚至自燃。此时如果使用充电宝,会增加自燃的概率,若此时旁边存在易燃易爆物品,则后果不堪设想,因此在飞机上是严禁使用充电宝的。

二、沟通技巧

(一)初次沟通

初次沟通,可以使用如下语句:

"先生/女士您好,我是本次航班的安全员,负责本次航班的安全保卫工作。

在航空器内使用充电宝易引发锂电池失火,属于扰乱客舱秩序行为。请您立即停止使用,并妥善保管。"

(二)当事人不听劝阻时

当事人不听劝阻时,可以使用如下用语:

"先生/女士,我是本次航班的安全员,依照国家相关法律规定及机长授权对执勤工作进行录音录像,请您配合。您的行为涉嫌违反《中华人民共和国治安管理处罚法》,请您立即停止使用。否则我们将依法采取措施。"

(三)遇有拒不执行且态度蛮横的旅客

遇有拒不执行且态度蛮横的旅客,可以使用如下用语:

"您好,我是本次航班的航空安全员,负责机上安保工作,机上使用充电宝是违规行为,刚才乘务组已对您违规使用充电宝的行为进行了劝阻,而您并未服从机组人员的合法指令。我现在要求您,立即停止使用充电宝。如果您不听从我的指令,根据《中华人民共和国治安管理处罚法》第二十三条的规定,您可能要承担相应的法律责任。我再次警告您,立即停止使用充电宝。"

(四)有旅客举报当事人的,与当事人沟通

如有旅客举报当事人的,与当事人沟通,可以使用如下用语。

"您好,先生/女士,我是本次航班的安全员,有旅客举报您违规使用充电宝,为了保证航班的安全,我们需要确认您的充电宝是否违反了相关规定。请配合我们出示一下您使用的充电宝。"

三、后续处置程序

(1)报告机长,建议落地报警移交。
(2)全程监控行为人,避免其他不安全事件的发生。
(3)全程开启记录仪,收集好证据材料,为落地移交做好准备。
(4)若行为人的行为影响了飞行安全,可以采取暂扣手机等相应措施。

四、相关处罚

处罚依据:《中华人民共和国治安管理处罚法》第二十三条。

情节较轻的:处警告或者二百元以下罚款。

情节较重的:处五日以上十日以下拘留,可以并处五百元以下罚款。

任务三　违规使用电子设备的处置沟通

一、沟通技巧

(一)起飞和降落阶段使用禁止的电子设备

当乘客在飞机起飞和降落阶段使用禁止的电子设备时,可以使用如下用语:

"您好,先生/女士,民航局规定航空器在起飞和降落阶段禁止使用这样的电子设备,请立即关闭您的设备。"

(二)使用全程禁止的电子设备

当乘客在飞机飞行过程中使用禁止的电子设备时,可以使用如下用语:

"您好,先生/女士,民航局规定航空器在飞行全程禁止使用这样的电子设备,请立即关闭您的设备。"

(三)当事人不听劝阻时

当事人不听劝阻时,可以使用如下用语:

"我是本次航班的安全员,依照国家相关法律规定及机长授权对执勤工作进行录音录像,请您配合。您的行为违反了《中华人民共和国治安管理处罚法》的规定,请立即停止违法行为,否则我们将依法采取相应的措施。"

（四）有旅客举报当事人的，与当事人沟通

如有旅客举报当事人的，与当事人沟通，可以使用如下用语：

"您好，先生/女士，我是本次航班的安全员，有旅客举报您违规使用电子设备，为了保证航班的安全，我们需要确认您的电子设备是否违反了相关规定。请配合我们出示一下您使用的电子设备。"

二、相关处罚

处罚依据：《中华人民共和国治安管理处罚法》第二十三条。
情节较轻的：处警告或者二百元以下罚款。
情节较重的：处五日以上十日以下拘留，并处五百元以下罚款。

实操训练

情景模拟——儿童违规使用遥控汽车设备

航班基本信息：
航班号：CA6666，航线：成都—珠海，时间：8:30—10:50。
乘客信息：女性(32岁)，携带1名6岁儿童，经济舱。
要求：
三人一组，一位安全员、两位旅客，飞行中儿童在客舱使用遥控汽车设备，进行语言沟通模拟。

在线答题
▼

项目五 机上强占座位情况的处置沟通

一、行为定义

强占座位、行李架属于扰乱行为,是指在民用机场或在航空器上不遵守规定,或不听从机场工作人员或机组成员指示,从而扰乱机场或航空器上良好秩序的行为。

处置航班中扰乱行为,应做到保持言辞礼貌、动作规范、表情平和。航空安全员语言表达要规范化、准确化和通俗化,语态、动作和表情表达要职业化。

二、强占座位情况分类

强占座位一般可以分为强占头等舱座位的行为、强占经济舱座位的行为、强占机组座位的行为三种。

三、处置程序及注意事项

(一)处置程序

(1)表明身份、迅速发出警示,要求旅客依法乘机。
(2)迅速报告机长,要求乘务组维护秩序。
(3)掌握当事人信息,控制过激行为,平息事态。
(4)向机长汇报处置情况。
(5)如需报案的,做好证据材料的收集和保护工作。
(6)机组报警,按照相关规定办理移交,同时完成报告和记录。

(二)处置注意事项

(1)注意控制事态影响范围,避免事态升级引起旅客围观或混乱,危及飞行安全。
(2)采取分离措施,重新安排争吵双方的座位,以免再次发生矛盾。
(3)密切关注客舱动态,准确判断事件真实性质。
(4)维护客舱秩序,保证飞机配载平衡。

四、典型案例

2024年3月18日,旅客吴某某醉酒后乘机并霸占头等舱座位,不听劝阻,扰乱客舱秩序,造成航班延误。根据《中华人民共和国治安管理处罚法》第二十三条的规定,公安机关对吴某某处以行政拘留10日。

任务一 头等舱座位强占行为的处置沟通

案例

在2019年7月25日,有媒体报道了一位男性乘客在某航空公司某航班上的强占头等舱座位事件。虽然具体的航班号没有在报道中提及,但事件的过程如下:该乘客对被分配到的座位不满意,决定擅自坐在头等舱的一个座位上,而这个座位并非属于他。当真正的头等舱乘客试图就座时,发现座位已经被这位男子占据。机组人员介入,要求该男子回到自己的经济舱座位,但他拒绝配合,并对空乘人员表现出对抗态度,声称这是他的座位并且不愿离开。

由于这名乘客的不合作态度,以及考虑到他的行为对航班安全和秩序的影响,航空公司最终决定请地面警察上飞机处理此事。警察到达后,采取了强制措施,并将其从飞机上带下,以确保航班能够按时起飞,同时避免进一步的混乱。

该乘客可能面临的法律后果,包括罚款或者因扰乱公共秩序而被拘留。航空公司也会依据自身政策对这种行为进行处理,可能包括禁止该乘客在未来乘坐其航班。

一、沟通技巧

(一)初步接触与警告

对于强占头等舱座位的,安全员初步接触与警告用语如下。

"先生/女士,我是这班机的航空安全员。您目前所坐的位置是头等舱座位,但您买的票在经济舱。请您配合,回到您自己的座位上,谢谢。"

"您好,我们注意到您现在的位置不是您的票上指定的座位。请您理解,每个座位都有其相应的乘客。请您回到您的座位,我们会尽力帮您解决问题。"

(二)解释规则与后果

对于强占头等舱座位且不听劝阻的,安全员解释规则与后果用语如下。

"根据航空公司的规定,每位乘客都应坐在自己的指定座位上。如果您不配合,我们可能不得不采取进一步的措施,包括请您下飞机或通知执法部门。"

(三)提供解决方案

对于强占头等舱座位的,安全员还可以提供如下解决方案。

"如果您希望升级到头等舱,我们可以为您查询是否有可用座位,但这需要额外支付费用。您是否愿意考虑这个选项?"

"如果您对座位有任何不满,请允许我们联系乘务长,看看是否能为您提供其他帮助或调整。"

(四)请求合作

对于强占头等舱座位的,安全员还可以使用如下请求合作用语。

"我们理解您可能遇到的不便,但我们请求您遵守规定,以确保所有乘客的安全和舒适。请您回到您的座位,我们将尽最大努力满足您的需求。"

(五)强调紧急性

对于强占头等舱座位的,安全员可以使用如下用语,强调紧急性。

"先生/女士,我们需要您立即回到您的指定座位。您的行为正在影响到其他乘客和航班的正常运行。请您配合,谢谢。"

(六)采取进一步行动前的警告

对于强占头等舱座位的,安全员在采取进一步行动前的警告用语如下。

"由于您没有配合我们的要求,我们遗憾地通知您,如果我们无法解决这个问题,我们可能需要请地面公安人员介入。请您理解并配合。"

二、相关处罚

对于机上强占座位行为,如扰乱公共汽车、电车、火车、船舶、航空器或者其他公共交通工具上的秩序的,根据《中华人民共和国治安管理处罚法》第二十三条的规定,处警告或者二百元以下罚款；情节较重的，处五日以上十日以下拘留，可以并处五百元以下罚款。聚众实施前款行为的，对首要分子处十日以上十五日以下拘留，可以并处一千元以下罚款。

任务二　经济舱座位强占行为的处置沟通

案例

2015年6月1日，三名男子乘坐南方航空的航班，从深圳飞往上海。这三位乘客原本持有经济舱分开的机票，但他们没有坐到自己的指定座位，而是擅自占据了飞机上的经济舱一整排的座位。由于当天航班延误了三个小时，一些乘客情绪焦躁，看到这三位男子的行为后，部分乘客也效仿起来，试图寻找更舒适的座位，导致机舱内的秩序受到了影响。

飞机上的机组人员进行了多次劝阻，要求这三名男子返回他们经济舱自己的座位，但是他们拒绝了这一要求，坚持霸占一整排经济舱的座位。这种情况不仅干扰了正常的乘机秩序，还可能影响到飞机的载重平衡和飞行安全。

在飞机抵达上海后，由于这三名男子的行为严重扰乱了公共交通工具的秩序，他们被机场公安行政拘留，以示惩戒。此事件经由多家媒体，如观察者网、人民网、新民网等报道，引发了公众对于乘机行为规范和公共秩序维护的讨论。

一、沟通技巧

（一）开场白与自我介绍

使用礼貌的语言进行开场：

"先生/女士，您好，我是本次航班的航空安全员。"

说明身份和目的：

"我需要看一下您的相关证件以及登机牌和您谈一下关于您当前座位的问题。"

（二）解释规则

温和而坚定地解释航空公司的座位规定：

"根据航空公司的政策,每位乘客都应坐在自己的指定座位上,以确保飞行安全和平衡。"

强调安全重要性:

"座位安排是基于飞机的载重平衡计算,擅自调换座位会影响飞行安全。"

(三)提出解决方案

询问乘客的需求:

"请问您调换座位是因为有特殊需求吗?"

提供帮助:

"我们可以尝试寻找合适的解决方案,比如询问是否有其他旅客愿意调换座位。"

(四)跟进与监督

在乘客同意回到指定座位后,加以确认:

"请您回到您的座位,我会在这里等待,直到您就座。"

二、相关处罚

对于机上强占座位行为,如扰乱公共汽车、电车、火车、船舶、航空器或者其他公共交通工具上的秩序的,根据《中华人民共和国治安管理处罚法》第二十三条,处警告或者二百元以下罚款;情节较重的,处五日以上十日以下拘留,可以并处五百元以下罚款。聚众实施前款行为的,对首要分子处十日以上十五日以下拘留,可以并处一千元以下罚款。

任务三　机组座位强占行为的处置沟通

案例

2019年9月5日,在从圣何塞飞往北京的一架国际航班上,一名醉酒男子强行霸占了机组人员的座位,并对机组人员进行了言语侮辱。这名男子因扰乱公共交通工具上的秩序被行政拘留,并被限制乘机一年。

乘客在飞机上不遵守规则,强占机组人员的座位时,航空公司和机场安保通常会严肃处理此类事件,以保障飞行安全和秩序。

一、沟通技巧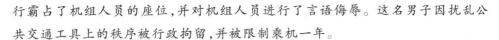

(一)占用执勤预留座位的

当有乘客坐在执勤座位时,可以说:

"您好,先生/女士,我是本次航班的安全员,请问您是坐这个座位吗?"

如乘客回答"是",可以说:

"请出示一下您的登机牌,我来帮您核实一下座位,谢谢。"

如乘客回答"不是"或查验登机牌不是该座位,可以说:

"先生/女士,抱歉,这个座位是机组工作人员的座位,请回原位就座,谢谢您的配合。"

(二)占用其他座位的

对于占用其他座位的,可以说:

"您好,先生/女士,请出示一下您的登机牌,我们需要核实一下座位信息。"

检查后,如发现乘客未按规定座位就座的,可以说:

"您好,先生/女士,您的座位在×××,飞机有配载平衡的相关要求,为了保证航空器的运行安全,请您回到自己的原座位,谢谢。"

检查后,如发现乘客未按规定座位就座的并不听劝阻的,可以说:

"我是本次航班的安全员,依照国家相关法律规定及机长授权对执勤工作进行录音录像,请您配合。您的行为违反了《中华人民共和国治安管理处罚法》,扰乱了航空器客舱的正常秩序,现在立刻回到自己的座位坐好,否则我们将依法采取相应措施。"

(三)占用行李架的

对于占用行李架的,可以说:

"您好,先生/女士,机上的行李放置,是按照先到先放的原则,您先别着急,我们马上帮您安排一个就近的行李架帮您放置。"

二、相关处罚

对于机上强占座位行为,如扰乱公共汽车、电车、火车、船舶、航空器或者其他公共交通工具上的秩序的,根据《中华人民共和国治安管理处罚法》第二十三条,处警告或者二百元以下罚款;情节较重的,处五日以上十日以下拘留,可以并处五百元以下罚款。聚众实施前款行为的,对首要分子处十日以上十五日以下拘留,可以并处一千元以下罚款。

实操训练

情景模拟——强占机组座位

航班基本信息:
航班号:CA2222,航线:成都—广州,时间:8:30—11:00。
乘客信息:男性(43岁),经济舱,座位13C。
要求:
三人一组,一位安全员、两位旅客,两人为了坐在一起,其中一人强占机组座位,安全员进行语言沟通模拟。

问答题

请简述在处置强占座位行为时,航空安全员应如何采取进一步行动。

在线答题
▼

项目六 打架斗殴、寻衅滋事的处置沟通

一、行为定义

（一）机上打架斗殴行为

机上打架斗殴行为是指在航空器上发生的，由一名或多名乘客或机组成员参与的身体冲突，其中涉及故意的肢体攻击或暴力行为。

（二）机上寻衅滋事行为

机上寻衅滋事行为是指在航空器内，行为人无事生非，故意挑衅，随意殴打、骚扰他人，或者任意损毁、占用公私财物，以及在机舱内起哄闹事，严重破坏飞行中的公共秩序和社会安定的行为。

二、处置程序及注意事项

（一）处置程序

（1）及时了解当事人基本信息，判断事态状况，识别行为性质。
（2）迅速报告机长，听从机长指示。
（3）表明身份，警示当事人依法乘机。
（4）告知无关人员避让。
（5）隔离双方，劝阻乘客停止伤害行为，平息事态。
（6）劝阻无效，经机长授权，航空安全员可采取约束措施。
（7）向机长汇报处置情况。
（8）做好证据材料的收集和保护工作。
（9）机组报警，按照相关规定办理移交。

（二）注意事项

（1）应保持客观公正，对打架斗殴的双方进行教育，控制事态，化解矛盾。
（2）收集证据材料时，取证尽可能采集乘客的第三方证言。
（3）做好自身保护。

三、典型案例

2023年11月12日，旅客黄某某、郭某某与梁某某三人因客舱座椅靠背调节产生纠纷，

继而发展成打架斗殴。根据《中华人民共和国治安管理处罚法》第四十三条的规定，航班落地后，公安机关对黄某某、郭某某和梁某某三人作出行政拘留和罚款的处罚。

任务一　机上打架斗殴行为的处置沟通

案例

某年某月某日，某公安分局接到市公安局指定管辖指令，要求某派出所依法查处一起扰乱公共交通工具秩序案。

办案组民警迅速赶赴机场分局对接案情、掌握情况，后将两名当事人传唤至派出所调查询问。经查：违法行为人马某某与违法行为人杨某于某月某日，由杭州乘坐飞往安康的同一航班，在该航班落地安康还未开启舱门时，二人在客舱过道内因取行李发生口角争执，随即大打出手（见图6-1），造成二人不同程度受伤，影响了公共交通工具秩序。

图6-1　机上打架斗殴

违法行为人马某某、杨某某对其二人在航班客舱内打架斗殴扰乱公共交通工具秩序的违法事实供认不讳，且均能认识到自己的行为错误，并在案发后积极配合公安机关调查处理，对打架斗殴的行为主动申请调解，未造成严重后果、属于较轻情节。当日下午，经该公安分局决定，依据《中华人民共和国治安管理处罚法》第二十三条的规定，对违法行为人马某某、杨某某分别作出200元罚款的处理。

想一想：什么是飞机上打架斗殴处置语言？

一、沟通技巧

（一）机上发生打架斗殴的

对于机上发生打架斗殴的，沟通用语如下：

"住手,我是本次航班的航空安全员。大家冷静一点!有事可以慢慢说,不准动手!你们的行为违反了《中华人民共和国治安管理处罚法》,请立即停止违法行为,否则我们将依法采取相应措施。"

(二)机上其他寻衅滋事行为

对于机上其他寻衅滋事行为,沟通用语如下:

"先生/女士,我是本次航班的安全员,您的行为已经扰乱了客舱秩序,侵害了他人人身安全,现在要求您必须克制您的行为。"

(三)寻衅滋事当事人不听劝阻的

对于寻衅滋事当事人不听劝阻的,沟通用语如下:

"我是本次航班的安全员,依照国家相关法律规定及机长授权维护客舱安全和秩序,并对执勤工作进行录音录像。您的行为违反了《中华人民共和国治安管理处罚法》,请立即停止违法行为,否则我们将依法采取相应措施。"

二、相关处罚

(一)《中华人民共和国刑法》

第一百二十三条,对飞行中的航器上的人员使用暴力,危及飞行安全,尚未造成严重后果的,处五年以下有期徒刑或者拘役;造成严重后果的,处五年以上有期徒刑。

(二)《中华人民共和国刑法》

第二百三十四条,故意伤害他人身体的,处三年以下有期徒刑、拘役或者管制。

犯前款罪,致人重伤的,处三年以上十年以下有期徒刑;致人死亡或者以特别残忍手段致人重伤造成严重残疾的,处十年以上有期徒刑、无期徒刑或者死刑。本法另有规定的,依照规定。

(三)《中华人民共和国治安管理处罚法》

第四十三条,殴打他人的,或者殴打他人的,处五日以上十日以下拘留,并处二百元以上五百元以下罚款;情节较轻的,处五日以下拘留或者五百元以下罚款。

有下列情形之一的,处十日以上十五日以下拘留,并处五百元以上一千元以下罚款。

(1)结伙殴打、伤害他人的。

(2) 殴打、伤害残疾人、孕妇、不满十四周岁的人或者六十周岁以上的人的。
(3) 多次殴打、伤害他人或者一次殴打、伤害多人的。

任务二　机上寻衅滋事行为的处置沟通

案例

某年某月某日,××航北京至上海的航班,旅客登机过程中,50C座旅客途经48A座旅客座位附近时踢到其行李箱。48A座旅客以箱内有贵重物品为由要求50C座旅客道歉,双方因此发生争执。事件发生后,乘务员、航空安全员进行了安抚、劝阻,均无效。期间,48A座旅客情绪逐渐失控,不服从机组成员指令,拒绝停止个人行为,自行拨打110报警,并持续在客舱大声喧哗,引发机上旅客围观、拍照。

机组成员决定报警移交机场公安机关。在等待机场公安登机处置的过程中,48A座旅客不遵守机上相关规定,先后与周围多名旅客发生激烈争吵,并伴有言语威胁。航空安全员对其多次警告无效后,将其约束并带至前舱,等待机场公安登机并移交。

一、沟通技巧

(1) 接报后,立即开启执勤记录仪。
(2) 与乘务组按照预案分工,协同工作。
沟通用语:

"乘务长,有旅客在争吵,我现在去处置。这期间,请指派一名乘务员负责驾驶舱附近区域监护。我会请事发区域乘务员协助我工作,并及时向您传递处置的进展情况。处置的相关情况,请及时向驾驶舱做好信息传递。"

乘务组协同的主要工作:调整乘务组分工,明确驾驶舱门区域监护人员;配合航空安全员维护客舱秩序,尤其是事发区域附近的秩序;根据需要调整旅客座位,防止出现旅客聚集、矛盾激化;及时将处置情况向驾驶舱报告;条件允许的,可由乘务员配合手持执勤记录仪,协助航空安全员完整、连续拍摄事件处置全过程。

(3) 到场初步判断事件性质,做出情势评估;表明身份,开展处置工作。
判断事件性质的要素,包括:事件起因、当事人状况(座位号、性别、年龄、精神状态、是否有同行人员等)、行为手段/方法、已产生的影响、乘务组或其他机组成员已采取的处置措施、事态发展。

如果发生旅客扰乱客舱秩序行为,且旅客配合度较差、情绪较为激动、事件已引发周边旅客围观、矛盾有进一步激化风险,可以采用如下沟通用语:

"我是本次航班航空安全员,负责机上安全工作。现在的纠纷由我来处理。"
"请各位旅客不要围观,返回座位坐好。"
"您好,请您(涉事旅客)配合提供登机凭证。"

(4) 航空安全员处置用语可以根据事态发展,分级为安抚、劝阻、警示、警告等。
沟通用语:

"请您保持克制,按照乘务员的安全提示,配合将行李物品放置在行李架上或者前方座椅下方;请尽快就座。"
"乘务员已经为双方重新调整了座位,我和乘务员协助您尽快就座,请予以配合。"
"请您调整情绪,不要大声喧哗。"
"男士/女士,请冷静!不要再大声喧哗。"
"男士/女士,请立即停止您的行为,配合机组的工作!警告您,不配合机组成员工作、大声喧哗的行为已经扰乱了客舱秩序!"
"男士/女士,这是第二次警告!您的行为已经严重扰乱了客舱秩序。请立即停止您的行为,配合机组工作!"
"男士/女士,这是第三次警告!请立即停止您的行为!您的行为已经严重扰乱了客舱秩序,如果您再不配合,我将根据机长的授权和要求,采取必要的措施,要求您离机。"

(5) 向机长报告处置情况,提出安保工作建议。
沟通用语:

"机长,×座旅客持续扰乱客舱秩序,拒绝停止行为,大声喧哗,并数次对周边旅客实施语言威胁。我已多次向该旅客发出安全提示和警告,均遭拒绝。该旅客情绪激动,声称自己已经报警。鉴于此,建议您联系机场公安机关报警。请您授权,如其再不停止扰乱行为,我可以使用管束、制服等措施。随后,我会请乘务组配合我收集旅客证言,并准备报警移交的相关证据材料。"

(6) 根据事态发展,及时调整处置方案和工作措施。当旅客实施了语言威胁他人人身安全的,或使用肢体暴力的,航空安全员得到机长授权后,可在劝阻、警告无效时对其采取管束、制止、制服等措施,徒手或使用约束带(绳)带离。

沟通用语：

"男士/女士，这是最后一次警告！我现在根据机长授权，采取措施要求您离机。"

"请所有旅客配合、避让！安全员执勤！"

（7）处置中，及时就相关工作程序做好解释工作；遇有旅客围观、拍照时，发出工作提示，控制现场秩序。根据事件性质和处置需要，可请乘务组协助客舱广播提示。

沟通用语：

"各位旅客，我们需要配合地面公安机关工作，航班暂时不能起飞。现在等待机关公安机关登机处置，请大家不要随意走动，在座位上坐好！"

"请各位旅客不要围观，保持通道畅通；请返回座位坐好，配合我们工作！"

"摄录的旅客，可以对我们处置工作进行监督，但不能断章取义、恶意剪辑传播上网，否则将被追究法律责任。"

（8）收集证据材料，填写《航班机组报警单》《移交证据清单》的表单材料。

（9）收集旅客证人证言，并填写《航班机组报警单》等表单。

应当按见证者、机组成员、其他旅客的顺序，逐一将证人带至相对独立的区域进行询问，并请证人自行书写证言。

沟通用语：

"先生/女士，我是本次航班的航空安全员，这是我的同事，这是我们的证件。"

"请问您是否认识×座旅客？请问您是否看到×座旅客机上扰序滋事的全过程？"

"请问您是否愿意为我们提供证人亲笔证词？"

"请问您是否愿意如实留下您的姓名、联系方式等信息，以便公安机关事后与您取得联系？"

"我们将严格保护您的信息安全，不会泄露关于您的身份以及您所提供证词的任何细节。"

"这是《证人亲笔证词》，请如实填写基本信息，尽量详实、准确、客观描述事实，不要遗漏时间、地点、人物、行为、结果等关键信息。"

"谢谢您的配合，请核实您所书写的证词。若无修改或补充，请您写明时间，并签名。"

若旅客拒绝提供证人证言或不具备收集旅客亲笔证词的时间、空间、环境等条件的，应当使用执勤记录仪尽可能记录知情人、目击者的姓名、座位号、联系方式等信息。机组成员避免就安保事件向证人发表意见、表达情绪。

（10）完成移交准备工作后向机长报告；按照报警移交工作要求，请机长签字。

沟通用语：

"机长，涉事旅客现处于持续受控状态，客舱秩序已恢复正常。我已完成移交前证据材料的收集与表单填写等准备工作，请您在《航班机组报警单》上签字。"

（11）机场公安登机后，航空安全员说明事件经过和处置情况，交接《航班机组报警单》《移交证据清单》《证人亲笔证词》等证据材料，移交事件行为人。

沟通用语：

"同志您好，我是本次航班安全员。本次航班计划7:15从北京首都机场起飞。旅客登机过程中，×座旅客×××途经×座旅客×××座位附近时踢到其行李箱，×座旅客以箱内有贵重物品为由要求×座旅客道歉，双方因此发生争执。事件发生后，机组成员调整了×座旅客座位，并对×座旅客多次劝阻、安抚，均无效。随后，×座旅客自行报警。在这期间，该旅客拒绝配合机组人员工作要求，先后与周围多名旅客发生激烈争吵，并伴有言语威胁。为防止事态失控、危及周边旅客人身安全，我在反复警告无效后，使用约束带（绳）将其强制带离至××位置进行监控。该旅客目前状况良好。以上情况，有执勤记录仪拍摄的视听资料，机组成员、×座周边旅客的证人证言证实。现将有关人员及证据材料移交你们进行调查处理。"

（12）后续处置工作。

航空安全员卸下/取消已采取的管束、制服性措施/器械；航空安全员配合机场公安调查需离机时，报经机长同意；报告所在单位，与其他机组成员和备份人员做好工作交接；行为人离机后，机组成员对该旅客座位附近区域及其所到区域展开安保检查，做好后续安全保卫工作。

二、处置要点

（1）事件的处置，要以"控人、控事、控秩序"为原则，注重化解旅客之间的矛盾，及时劝离或带离涉事人员，防止出现肢体冲突或群体性事件，迅速恢复机上安全秩序。

（2）处置时，要注意保持客观、中立，避免因为机组成员的介入导致事态升级或矛盾转移。

（3）处置程序和用语一般由表明身份、制止行为、讲明依据、指出后果、提出要求、运用措施、人物移交等部分构成。航空安全员视情境与处置方案不同，灵活把握处置程序的使用阶段，灵活调整处置用语的结构或组合形式。

(4)处置中,遇有机上旅客聚集的、旅客围观拍照的、矛盾明显转移至机组或公共航空运输企业的情形时,建议机长尽快报警。

(5)机组成员在准确定性的基础上,要充分评估对方行为的危险性,已采取安抚、劝阻、警告等手段无效时,要对持续威胁或侵害他人人身安全的扰序滋事行为采取管束、制止、制服措施。采取上述措施时,要注意方法、手段、强度,防止出现处置过当,侵害旅客合法权益。

(6)对女性、老年人和残疾扰序旅客要以口头制止、徒手制止、制服为主,慎用手铐等约束性器械。

三、相关处罚

《中华人民共和国刑法》第二百九十三条,有下列寻衅滋事行为之一,破坏社会秩序的,处五年以下有期徒刑、拘役或者管制。

(1)随意殴打他人,情节恶劣的。
(2)追逐、拦截、辱骂他人,情节恶劣的。
(3)强拿硬要或者任意损毁、占用公私财物,情节严重的。
(4)在公共场所起哄闹事,造成公共场所秩序严重混乱的。

实操训练

情景模拟——飞行中打架斗殴

航班基本信息:
航班号:CA5555,航线:成都—香港,时间:6:30—9:00。
要求:
五人一组,一位安全员、四位旅客,因调整座椅靠背引发双方打架斗殴,其中一位旅客全程拍摄。安全员进行语言沟通模拟。

在线答题

项目七 使用明火或吸烟的处置沟通

一、在飞机上吸烟和使用明火的情况

(一)机上吸烟行为

机上吸烟行为包括在飞机客舱内进行的香烟、雪茄、烟斗等传统烟草制品的燃烧吸烟,以及电子烟。尽管电子烟不直接产生明火,但它们产生的蒸汽可能触发飞机上的烟雾探测器,同时在密闭的机舱环境中,电子烟释放的微粒和化学物质可能对其他乘客造成不适或产生健康风险。

(二)使用明火行为

使用明火行为包括使用打火机等点燃香烟或其他可燃物,以及烹饪或加热食物、在机舱内使用便携式加热设备,如小型炉子或加热器等情况。

二、处置程序及注意事项

(一)处置程序

(1) 及时制止行为,查找排除火灾隐患,收集事实材料,收缴火具。
(2) 掌握行为人基本信息,判断事态,识别行为性质。
(3) 报告机长,听从机长指示。
(4) 做好证据材料的收集和保护工作。
(5) 机组报警,按照相关规定办理移交。

(二)注意事项

(1) 妥善保管烟具、火源,避免引发危险。
(2) 收集的证据材料,包括烟蒂、打火机、燃烧物品等以及证人证言。收集物证时,应注意座椅下、垃圾桶和洗手间等重点区域。

三、典型案例

2024年3月16日,旅客赵某在航班卫生间吸食香烟,触发机上烟感报警,根据《中华人民共和国治安管理处罚法》第二十三条的规定,公安机关对赵某处以行政拘留5日。

任务一　机上吸电子烟行为的处置沟通

案例

某年某月某日,成都—扬州航班,旅客上机时,航空安全员在客舱外监客。

在旅客即将上齐时,航空安全员接到旅客反馈,坐在他旁边的旅客(为金卡旅客)在座位上抽吸电子烟,随即航空安全员介入处置,询问行为人,是否在座位上吸烟,行为人予以承认。飞机禁烟标志如图7-1所示。

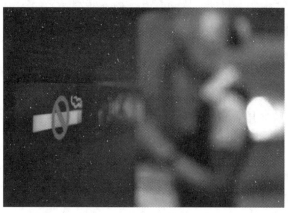

图7-1　飞机禁烟标志

之后,航空安全员根据处置流程,报告机长;飞行机组商讨后,为保障航班运行决定仅拒载该名旅客,不进行移交处理。航空安全员将机长决定告知旅客后,旅客被机场地服带下飞机。行为人被拒载后,询问地服工作人员:"把我赶下来就完啦?"地服人员回答:"是的。"就此,行为人进行投诉。

想一想:旅客为什么会投诉?航班安全员是否符合执勤处置标准?

飞机上发现旅客吸烟(含电子香烟),即从侧面印证该旅客违规携带、使用火源,所以在飞机上吸烟(含电子烟)处置必须及时进行地面移交。

一、沟通技巧

(1)向提供信息的旅客了解事件基本情况,进行初步判断。

沟通用语:

"这名旅客坐在第几排?"

"具体是在什么地方吸烟?"

"您看到他吸的是电子烟还是纸质烟?他使用火柴或打火机吗?"

"您看到出现明火或烟雾了吗?"

"感谢您提供的情况,我马上去核实。"

(2)将情况通报乘务组。
沟通用语:

"乘务长,有旅客反映××排××座旅客在座位上吸电子烟,我现在去处置。这期间,请指派一名乘务员负责驾驶舱附近区域监护。我会请事发区域乘务员协助我工作,并及时向您传递处置的进展情况。处置的相关情况,请及时向驾驶舱做好信息传递。"

(3)到场核实情况,未发现证据行为。
沟通用语:

"先生,我是本次航班航空安全员,负责机上安保工作。您刚才是在座位上吸烟了吗?"

"飞机上吸烟包括电子烟,会扰乱客舱安全秩序,易引发火灾,非常危险。提醒您,为了所有人的健康安全,请遵守机上禁烟规定。"

(4)向举报旅客做好情况反馈。
沟通用语:

"谢谢您提供的情况。我们会在航程中进一步加强对该旅客的关注。若有发现新的情况,可随时与我联系。"

(5)再次接到举报及证据后。
沟通用语:

"谢谢。我马上进行调查处理。后续,可能会请您协助提供证明材料,当然是在您自愿同意的情况下,希望您能够配合。"

"是否需要我协调乘务组为您调整座位?"

"先生,现在有证据证明您在机上吸烟/电子烟。请配合机组工作,提供您的登机凭证,并将所有烟具、火具交由我保管。"

(6)涉事旅客拒绝配合机组工作的。
沟通用语:

"先生,再次提醒您,请配合我们的工作,立即交出所有烟具、火具,由我代为保管至航班安全落地。"

"先生,这是第三次提醒,请立即交出所有烟具、火具,如果您不配合,将会面临处罚。"

"先生,最后一次提醒您,机上吸烟包括电子烟,是违反《中华人民共和国治安管理处罚法》的行为。如您不配合交出所有烟具、火具,我将根据机长授权和要求,交由地面公安机关处置。"

(7)遇到旅客围观或用手机摄录的。
根据事件性质和处置需要,可请乘务组协助客舱广播提示。
沟通用语:

"请旅客们不要围观,返回座位坐好,保持好客舱秩序,保持通道畅通,谢谢配合!"

"摄录的旅客,可以对我们的工作进行监督,但不能断章取义、恶意剪辑传播上网,否则将被追究法律责任。"

(8)涉事旅客仍拒绝配合的。
沟通用语:

"机长,××排××座旅客×××在座位上吸电子烟,被××排××座的旅客举报并有现场视频证实。我已多次向该旅客发出安全提示和警告,并要求其交出烟具、火源,均遭拒绝。鉴于此,建议您联系机场公安机关报警。随后,我将收集旅客证言并准备报警移交的相关证据材料。"

二、相关处罚

根据《中华人民共和国治安管理处罚法》第二十三条的规定,有下列行为之一的,如扰乱公共汽车、电车、火车、船舶、航空器或者其他公共交通工具上的秩序的,处警告或者二百元以下罚款;情节较重的,处五日以上十日以下拘留,可以并处五百元以下罚款。

任务二 机上卫生间吸烟行为的处置沟通

案 例

某年某月某日,××航西安至海口航班,在飞行过程中,航空安全员接到旅客举报,称48K座旅客在座位上吸电子烟。航空安全员到场后,未发现该旅客在吸烟。经询问,该旅客不承认吸烟及携带烟具。航空安全员对其进行安全提示后离开。其后,航空安全员又接49K座旅客举报说48K座旅客再次在座位上吸电子烟,并出示了手机拍摄的现场视频。航空安全员据此要求48K座旅客出示证件及所携带的烟具,遭到拒绝。

随后,趁航空安全员填写报警表单之机,48K座旅客进入卫生间,将其携带的电子烟拆分并用卫生纸分别包裹后丢弃于垃圾桶内。在其离开后,航空安全员立即对该卫生间开展安保检查,收集到被拆分、丢弃的电子烟部件。经报机长同意,航空安全员协同乘务员采集了49J座、49K座、49L座旅客的证人证言,并在航班降落后,将48K座旅客及相关证据材料移交海口机场公安机关。

一、沟通技巧

(1) 接报后,立即开启执勤记录仪。
(2) 向提供信息的旅客了解事件基本情况,初步判断事件性质,做出情势评估。
沟通用语:

"这名旅客坐在第几排?"
"具体是在什么地方吸的烟?"
"您看到他吸的是电子烟还是纸质烟?他使用打火机吗?"
"您看到出现明火或烟雾了吗?"
"感谢您提供的情况,我马上去核实。"

经与提供信息的旅客沟通,判定该事件为机上吸电子烟的扰秩事件,事件已引发周边旅客关注。
(3) 将情况通报,协同工作。
沟通用语:

"乘务长,有旅客反映×座旅客在座位上吸电子烟,我现在去处置。这期间,请指派一名乘务员负责驾驶舱附近区域监护。我会请事发区域乘务员协助我工作,并及时向您传递处置的进展情况。处置的相关情况,请及时向驾驶舱做好信息传递。"

乘务组协同的主要工作包括:调整乘务组分工,明确驾驶舱门区域监护人员;配合航空安全员维护客舱秩序尤其是事发区域附近的秩序,根据需要调整旅客座位,防止出现旅客聚集、矛盾激化;做好对事发区域的重点监控,及时将处置情况向驾驶舱报告;条件允许的,可由乘务员配合手持执勤记录仪,协助航空安全员完整、连续拍摄事件处置全过程。

(4) 到场核实情况,如未发现证据行为的,给予安全提示。

沟通用语:

"先生,我是本次航班航空安全员,负责机上安保工作。您刚才是在座位上吸烟了吗?"

"飞机上吸烟包括电子烟扰乱了客舱安全秩序,易引发火灾,非常危险。提醒您,为了所有人的健康安全,请遵守机上禁烟规定。"

(5) 向举报旅客做好情况反馈,加强涉事旅客监控。

沟通用语:

"谢谢您提供的情况。我们会在航程中进一步加强对该旅客的关注。若有发现新的情况,可随时与我联系。"

(6) 再次接到举报及证据后,和举报旅客进行沟通;核实涉事旅客身份,要求代管烟具与火源。

沟通用语:

"谢谢。我马上进行调查处理。后续,可能会请您协助提供证明材料,当然是在您自愿同意的情况下,希望您能够配合。"

"是否需要我协调乘务组为您调整座位?"

"先生,现在有证据证明您在机上吸烟/电子烟。请配合机组工作,提供您的登机凭证,并将所有烟具、火具交由我保管。"

(7) 涉事旅客拒绝配合机组工作的,可根据事态发展,分级给予安全警告。

沟通用语:

"先生,再次提醒您,请配合我们的工作,立即交出所有烟具、火具,由我代为保管至航班安全落地。"

"先生,这是第三次提醒,请立即交出所有烟具、火具,如果您不配合,将会面临处罚。"

"先生,最后一次提醒您,机上吸烟包括电子烟,是违反《中华人民共和国治安管理处罚法》的行为。如您不配合交出所有烟具、火具,我将根据机长授权和要求,交由地面公安机关处置。"

(8) 遇有旅客围观或用手机摄录的,发出工作提示,控制好现场秩序。根据事件性质和处置需要,可请乘务组协助客舱广播提示。

沟通用语：

"请旅客们不要围观，返回座位坐好，保持好客舱秩序，保持通道畅通，谢谢配合！"

"摄录的旅客，可以对我们的工作进行监督，但不能断章取义、恶意剪辑传播上网，否则将被追究法律责任。"

（9）涉事旅客仍拒绝配合的，向机长报告处置情况，提出安保工作建议。

沟通用语：

"机长，×座旅客×××在座位上吸电子烟，被邻座的两名旅客举报并有现场视频证实。我已多次向该旅客发出安全提示和警告，并要求其交出烟具、火源，均遭拒绝。鉴于此，建议您联系机场公安机关报警。随后，我将收集旅客证言并准备报警移交的相关证据材料。"

（10）收集证据材料、填写《航班机组报警单》等表单。

（11）发现涉事旅客出入卫生间，应立即暂停使用该卫生间，并对该区域进行安保检查。

① 对卫生间进行安保检查时，使用的物品包括一次性手套、手电筒、检查镜、一次性塑料杯/袋、笔等，以及《航空器客舱安保检查单》《移交证据清单》等表单。

② 对卫生间进行拍照和录像固定。对照《航空器客舱安保检查单》，对卫生间重点部位进行检查。重点排查有无明火或烟雾，并采取必要的阻燃措施。

③ 发现证据材料的，应对提取位置、物品外观拍照固定后，再行提取。

④ 提取证据材料时，使用一次性手套，将证据材料分别逐一封装、编号后，详细记录提取时间，在《移交证据清单》上做好记录。

⑤ 检查发现的实物证据材料，可在检查结束后要求涉事旅客确认。

沟通用语：

"先生，这是在您刚使用过的卫生间内发现的电子烟部件。请确认，这是您丢弃在××卫生间的吗？"

（12）收集旅客证人证言。

按照举报者、见证者、机组成员、其他旅客的顺序，逐一将证人带至相对独立、空旷的区域进行询问，并请证人自行书写证言。

沟通用语：

"先生/女士，我是本次航班的航空安全员，这是我的同事，这是我们的证件。"

"请问您是否认识×座旅客？请问您是否看到×座旅客机上吸烟事件的全过程？"

"请问您是否愿意为我们提供证人亲笔证词？"

"请问您是否愿意如实留下您的姓名、联系方式等信息，以便公安机关事后与您取得联系？"

"我们将严格保护您的信息安全，不会泄露关于您的身份以及您所提供证词的任何细节。"

"这是《证人亲笔证词》，请如实填写基本信息，尽量详实、准确、客观描述事实，不要遗漏时间、地点、人物、行为、结果等关键信息。"

"谢谢您的配合，请核实您所书写的证词。若无修改或补充，请您写明时间，并签名。"

若旅客拒绝提供证人证言或不具备收集旅客亲笔证词的时间、空间、环境等条件的，应当使用执勤记录仪尽可能记录知情人、目击者的姓名、座位号、联系方式等信息。

机组成员在收集证人证言过程中，避免就安保事件向证人发表意见、表达情绪。

(13) 完成证据材料收集、保护工作后向机长报告；按照报警移交工作要求，请机长在《航班机组报警单》上签字。

沟通用语：

"机长，×座旅客刚才使用了×××卫生间。我和×××乘务员随后对该卫生间进行了安保检查，在垃圾桶内发现了被拆分、包裹并丢弃的电子烟部件。我们现已完成证据材料的收集、保护，做好了移交准备。涉事旅客现处于持续受监控状态。请您在《航班机组报警单》上签字。"

(14) 协同乘务组，做好涉事旅客的持续监控，直至航班落地、机场公安登机。

(15) 机场公安登机后，航空安全员说明事件经过和处置情况，交接《航班机组报警单》《移交证据清单》《证人亲笔证词》等证据材料，移交事件行为人。

沟通用语：

"同志您好，我是航班安全员。本次航班9:40由西安起飞。我先后于10:30、11:03接到邻座的两名旅客报告，均称×座旅客在座位上吸食电子烟。其中，一名旅客提供了现场视频为证。在向×座该旅客了解情况时，其拒不承认，不配合出示相关证件，不交出烟具、火源等。随后，该旅客进入卫生间，将其携带的电子烟拆分并用卫生纸分别包裹后丢弃于垃圾桶内。事后被我们发现。以上情况，有执勤记录仪拍摄的视听资料、在卫生间收集到的电子烟部件等物证材料、现场照片等书证材料,以及邻座的两名旅客的《证人亲笔证词》等材料证实。现将有关人员及证据材料移交你们进行调查处理。"

二、处置要点

(1) 事件的处置,要第一时间排查危险源、排除火患;要代管烟具、火源,加强行为人监控;要做好证据材料的收集和保护工作。

(2) 应以口头制止、安全提示、警告为主,并视事态发展变化,适时调整处置措施。

(3) 处置程序和用语一般由表明身份、制止行为、讲明依据、指出后果、提出要求、运用措施、人物移交等部分构成。航空安全员视情境与处置方案不同,灵活把握处置程序的使用阶段;灵活调整处置用语的结构或组合形式。

(4) 收集实物类证据材料时,安保组与乘务组协同配合,应由不少于两名机组成员共同完成。

(5) 收集言词类证据材料时,应遵循旅客自愿的原则,避免侵犯他人合法权益,并经证人核实无误、签字确认后留存。

(6) 情况紧急来不及收集证据材料或不具备收集证据材料的时间、人力、技术等条件的,机组成员应优先保证安全,维护好客舱秩序、监控好行为人。可采取划定限制区域等方式,对事发现场进行保护,待航班落地后移交公安机关。

(7) 出现机上吸烟(含电子香烟)触发烟雾报警装置、出现明火、行为人拒绝配合机组、引发旅客围观拍照、事态升级等情形的,机组应报警。

三、处置依据

(一)《中华人民共和国治安管理处罚法》

第二十三条 有下列行为之一的(如扰乱公共汽车、电车、火车、船舶、航空器或者其他公共交通工具上的秩序的),处警告或者二百元以下罚款;情节较重的,处五日以上十日以下拘留,可以并处五百元以下罚款。

(二)《公共航空旅客运输飞行中安全保卫工作规则》

第十条 机长在履行飞行中安全保卫职责时,行使下列权力:在航空器起飞前,发现未依法对航空器采取安全保卫措施的,有权拒绝起飞;对扰乱航空器内秩序,妨碍机组成员履行职责,不听劝阻的,可以要求机组成员对行为人采取必要的管束措施,或在起飞前、降落后要求其离机等。

第十一条 机长统一负责飞行中的安全保卫工作。航空安全员在机长领导下,承担飞行中安全保卫的具体工作。机组其他成员应当协助机长、航空安全员共同做好飞行中安全保卫工作。

第十二条　旅客应当遵守相关规定,保持航空器内的良好秩序;发现航空器上可疑情况时,可以向机组成员举报。旅客在协助机组成员处置扰乱行为或者非法干扰行为时,应当听从机组成员指挥。

第二十四条　机组成员应当按照机长授权处置扰乱行为和非法干扰行为。根据机上案(事)件处置程序,发生扰乱行为时,机组成员应当口头予以制止,制止无效的,应当采取管束措施;发生非法干扰行为时,机组成员应当采取一切必要处置措施。

第二十六条　机组成员对扰乱行为或非法干扰行为处置,应当依照规定及时报案,移交证据材料。

(三)《机上案(事)件处置办法》

第二十七条、第二十八条、第三十七条、第四十一条,详情略。

(四)《民航安检机构、航班机组报警和民航(机场)公安警情处置规范》

第十七条　详情略。

实操训练

情景模拟——飞行中吸烟

航班基本信息:

航班号:CA1111,航线:成都—深圳,时间:7:30—10:00。

要求:

两人一组,一位安全员、一位旅客,飞行中在洗手间吸电子烟并触发烟雾报警器。安全员进行语言沟通模拟。

问答题

接到乘客举报客舱有人吸烟,但到场核实情况,未发现证据时,安全员应如何沟通?

在线答题

项目八　故意损坏机上设施设备的处置沟通

一、客舱中常见的易受损设施设备

（一）机上救生衣

机上救生衣（见图8-1）通常存放在乘客座椅下方，是紧急水上迫降时的重要救生装备。不当使用或故意取出可能会导致救生衣提前充气，无法在真正需要时发挥作用。

（二）紧急出口盖板

紧急出口盖板（见图8-2）和手柄是飞机安全设计的一部分，用于快速疏散乘客。如果旅客未经允许擅自操作，可能导致滑梯非正常展开，甚至损害飞机结构。

图8-1　机上救生衣

图8-2　紧急出口盖板

（三）氧气面罩

飞机上，位于乘客头顶的氧气面罩（见图8-3），在紧急减压时自动脱落，提供乘客呼吸所需氧气。故意损坏氧气面罩或其释放机构，会降低飞机在紧急情况下的安全性。

（四）洗手间的烟雾探测器

洗手间的烟雾探测器（见图8-4）如果遭到故意破坏，不仅影响卫生条件，还可能引发安全隐患。

图8-3　机上氧气面罩

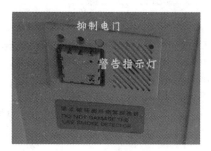

图8-4　机上烟雾探测器

（五）安全带和座椅

虽然安全带和座椅(见图8-5)本身不容易被损坏,但故意解开安全带或调整座椅靠背可能违反飞行安全规定,特别是在飞机起降和遭遇湍流期间。

（六）行李架中的应急设备

行李架中的应急设备(见图8-6)如果被非专业人员错误操作或故意破坏,可能导致功能失效,影响整个航空运行安全。

图8-5　机上安全带和座椅

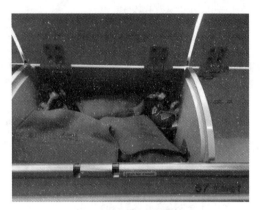
图8-6　机上应急设备

二、处置程序及注意事项

（一）处置程序

（1）及时制止不当行为,掌握当事人基本信息,判断事态,识别其行为。

（2）向行为人告知或警示。

（3）报告机长,听从机长指示。

（4）对行为人做好监控。

（5）在制止故意损坏、擅自移动应急舱门等航空器设施设备行为的过程中,必要时经机长授权,航空安全员可以采取强制措施。

（6）向机长汇报处置情况。

（7）做好证据材料的收集和保护工作。

（8）机组报警,按照相关规定办理移交。

（二）注意事项

（1）维持客舱秩序,避免因旅客大面积移动而引起航空器失衡。

（2）注意收集与受损、被移动的航空设施设备相关的实物证据,以及周围旅客和机组的证言。

（3）对于旅客擅自移动应急舱门、灭火器等应急设施设备的，应注意保护现场原状，避免破坏遗留的指纹及其他物证。

三、典型案例

2024年3月30日，旅客张某在飞机降落滑入机位时拉开应急舱门，导致滑梯释放（见图8-7、图8-8、图8-9），飞机计划执行的返程航班任务取消。根据《中华人民共和国治安管理处罚法》第三十四条的规定，公安机关对张某处以行政拘留12日（见图8-10）。

图8-7　紧急出口

图8-8　违规打开紧急出口

图8-9　机上应急滑梯

图8-10　相关处罚

任务一　违规开启舱门行为的处置沟通

案例

2015年1月10日，一架计划9日20:45起飞的MU2036次航班推迟至10日凌晨执行。该航班等待和登机期间，少数旅客要求赔偿，拒不登机。经沟通解释，旅客于10日凌晨1:40登机完毕。不过，由于机场持续降雪，夜间温度不断下降，为了确保飞行安全，航班起飞前需要进行除冰雪。等待过程中，又有少数旅客对除冰雪等待时间表示不理解，出现过激语言。最终在飞机除冰完毕，滑行过程中，有旅客将机翼上方三个紧急出口打开。

想一想：面对这样的情况，处置语言应该是怎样的？

一、沟通技巧

（一）航班地面等待期间

面对上述案例中的延误事件，作为航空安全员要确保飞行安全，还要有效管理和缓解乘客的情绪，避免事态升级。

❶ 清晰、冷静地说明

沟通用语：

"尊敬的旅客们，我是本次航班的安全员。为了确保我们的飞行安全，飞机现在正在进行必要的除冰雪作业。这是非常重要的步骤，以防止飞行中可能出现的危险。请耐心等待，您的安全是我们的首要任务。"

❷ 表达理解和同情

沟通用语：

"我们完全理解大家希望尽快抵达目的地的心情，长时间的等待确实令人感到不适。请相信，我们也在尽最大努力加快进程。感谢您的理解和支持。"

❸ 为旅客提供信息更新

沟通用语：

"我们会及时向大家通报最新进展，请保持手机静音，关注机上广播。一旦准备工作完成，我们将立即起飞。"

❹ 维护客舱秩序时需要提醒，明确规则与后果

沟通用语：

"请各位旅客注意，飞机上的紧急出口仅在真正紧急的情况下使用。擅自打开紧急出口不仅会危及自身和他人安全，还将承担相应的法律责任。请您配合，共同维护飞行安全。"

(二) 当旅客已经打开应急舱门时与其沟通

1 对涉事旅客的提醒

沟通用语：

"先生/女士，您刚刚的行为非常危险，已经违反了《中华人民共和国治安管理处罚法》第三十四条的规定。请您先保持冷静，跟我一起换一个位置，我们会按照规定处理这一事件。请理解，您的行为可能带来严重的后果。"

2 对涉事旅客的询问

沟通用语：

"您能描述一下当时发生了什么吗？您为什么接近那个区域？"

开放式的问题可以鼓励对方提供更多细节，有时候也能揭示误解或潜在的动机。

3 如遇到不承认不配合的旅客

沟通用语：

"先生/女士，我们注意到应急舱门已被打开，旁边的目击证人的陈述都指向您。我们理解这可能是一个误会，但我们需要您的配合来了解事情的经过。"

"请您解释一下当时的情况，我们愿意听取您的说法。我们共同的目标是确保所有人的安全。"

"我们希望您能理解并尊重安全规定。如果您承认并解释了您的行为，我们可以更快地解决问题，确保航班尽快恢复正常。"

"无论情况如何，我们都将按照程序公正处理。请您保持冷静，让我们一起处理这个问题。"

(三) 当旅客已经打开应急舱门时与其他人员沟通

1 对全体乘客

沟通用语：

"尊敬的乘客们，我们刚才遇到了一个小意外，一位乘客误开了应急舱门。我们的工作人员正在处理中，请大家保持镇定，系好安全带，听从工作人员的指示。您的安全始终是我们的首要考虑。"

2 与其他机组成员

沟通用语：

"机长，这里是安全员，紧急情况已经发生，应急舱门被打开，滑梯已展开。目前情况可控，正在处理涉事乘客，无人员受伤。请指示下一步行动。"

"乘务长，请指派一名乘务员对应急出口进行监控，并将附近旅客座位调整，防止有其他旅客靠近。"

二、相关处罚

对于机上盗窃、故意损坏、擅自移动航空器设施设备的行为，其相关处罚如下。

（一）《中华人民共和国刑法》

第一百一十六条，破坏火车、汽车、电车、船只、航空器，足以使火车、汽车、电车、船只、航空器发生倾覆、毁坏危险，尚未造成严重后果的，处三年以上十年以下有期徒刑。

第一百一十九条，破坏交通工具、交通设施、电力设备、燃气设备、易燃易爆设备，造成严重后果的，处十年以上有期徒刑、无期徒刑或者死刑。过失犯前款罪的，处三年以上七年以下有期徒刑；情节较轻的，处三年以下有期徒刑或者拘役。

（二）《中华人民共和国治安管理处罚法》

第三十四条，盗窃、损坏、擅自移动使用中的航空设施，或者强行进入航空器驾驶舱的，处十日以上十五日以下拘留。

（三）《中华人民共和国民用航空法》

第一百九十七条，盗窃或者故意损毁、移动使用中的航行设施，危及飞行安全，足以使民用航空器发生坠落、毁坏危险，尚未造成严重后果的，依照刑法第一百零八条的规定追究刑事责任；造成严重后果的，依照刑法第一百一十条的规定追究刑事责任。

任务二　故意损坏机上其他设施设备行为的处置沟通

案例

2023年10月，一架从北京飞往上海的国内航班，在飞行途中遭遇了一起乘客故意损坏机上设施设备的事件。

一名乘客张先生，因个人原因对航空公司服务不满，决定采取报复行动。在飞机升空后不久，他悄悄离开了自己的座位，走向飞机后部的洗手间（见图8-11、

图8-12)。张先生进入洗手间后,使用随身携带的工具拆卸了洗手间内的烟雾探测器,并将其破坏,以使其失去功能。不久后,乘务员在例行检查中发现洗手间烟雾探测器被损坏,立即报告给了机长,并确认了行为人张先生。

机长接到报告后,立即通知了空中交通管制中心,并联系了目的地机场的警方,要求做好接机准备,以处理涉嫌破坏公共财产的乘客。飞机安全降落后,张先生被等候在机场的警方带走,进行进一步的调查和问询。通过目击者证词以及张先生留下的工具,警方确认了他故意破坏洗手间烟雾探测器的事实。

图8-11　机上卫生间内部　　　　　图8-12　禁烟标识

想一想:面对这样的情况,处置语言应该是怎样的?

一、沟通技巧

(一)了解情况

询问乘客沟通用语:

"先生/女士,我是本次航班的航空安全员。我们注意到机上设施似乎受到了一些损害,您能告诉我发生了什么吗?"

"我理解您可能有不满或特殊情况,但现在我们需要您配合,确保所有乘客的安全。请您详细说明您的行为和原因。"

"您应该知道,故意损坏机上设施是违反航空安全法规的严重行为,可能会面临法律追究和相应的惩罚。"

(二)取证问询

沟通用语:

"为了调查清楚,我们需要记录下这次事件的详细情况。您是否同意我们拍摄一些照片或视频,以及收集目击者的证词?"

"根据我们的安全规定,我们将按程序处理此次事件,确保所有乘客和机组的安全,能否请您提供您所看到的事情的经过?"

(三)客舱控制

1 对机上其他旅客

沟通用语:

"各位乘客,我们正在处理一个突发的小事故,请大家保持冷静,您的安全是我们的首要任务。我们将尽快恢复正常。"

2 对行为人

沟通用语:

"我们可能需要在降落时请地面警察介入。在此期间,我建议您留在座位上,直到我们得到进一步的指示。"

3 向机组沟通

沟通用语:

"请机长注意,我们遇到了一起故意损坏机上设施的事件,正在处理中。我将尽快提供详细报告。"

二、相关处罚

对于机上盗窃、故意损坏、擅自移动航空器设施设备的行为,其相关处罚如下。

(一)《中华人民共和国刑法》

第一百一十六条,破坏火车、汽车、电车、船只、航空器,足以使火车、汽车、电车、船只、航空器发生倾覆、毁坏危险,尚未造成严重后果的,处三年以上十年以下有期徒刑。

第一百一十九条,破坏交通工具、交通设施、电力设备、燃气设备、易燃易爆设备,造成严重后果的,处十年以上有期徒刑、无期徒刑或者死刑。过失犯前款罪的,处三年以上七年以下有期徒刑;情节较轻的,处三年以下有期徒刑或者拘役。

(二)《中华人民共和国治安管理处罚法》

第三十四条,盗窃、损坏、擅自移动使用中的航空设施,或者强行进入航空器驾驶舱的,处十日以上十五日以下拘留。

(三)《中华人民共和国民用航空法》

第一百九十七条,盗窃或者故意损毁、移动使用中的航行设施,危及飞行安全,足以使民用航空器发生坠落、毁坏危险,尚未造成严重后果的,依照刑法第一百零八条的规定追究刑事责任;造成严重后果的,依照刑法第一百一十条的规定追究刑事责任。

实操训练

情景模拟——填写单据

要求:根据本项目中任务一列举的案例完成下面模拟执勤,并填写《机上事件报告单》。

机上事件报告单

航班号:	日期:	始发站:		到达站:
事件类型:(请用√选择适当的项目)			
A.吸烟且不听劝阻_____ B.干扰或攻击他人_____ C.拒绝执行机组命令_____ D.损坏或盗窃机械设备_____ E.客舱中酗酒_____ F.滑梯放出_____ G.非法携带武器或炸药_____ H.强行进入驾驶舱_____ I.暴力劫持飞机_____ J.其他_____				
当事人旅客姓名	座位号	电话号码	联系地址	邮编
事情经过: 机长签名:_____ 日期:_____				
见证旅客姓名(1)	座位号	电话号码	联系地址	邮编
见证旅客姓名(2)	座位号	电话号码	联系地址	邮编
证词: 见证人签名:_____				

问答题

请简述在处置违规开启舱门行为时,航空安全员应如何与其他机组成员进行沟通。

项目九　其他扰乱行为的处置沟通

一、部分行为的定义

（一）机上盗窃行为

机上盗窃行为是指在飞机上发生的、针对同机旅客随身携带的行李物品的盗窃行为。机上盗窃通常不包括盗窃旅客的托运行李或飞机上的货物，因为这些物品一般不会随身携带在机舱内。

机上盗窃的作案者可能是同机的其他乘客，也有可能是乘务人员或其他有机会接触到乘客个人物品的人员。常见的被盗物品包括但不限于现金、信用卡、手机、笔记本电脑、珠宝首饰等高价值或易携带的物品。

（二）机上猥亵及性骚扰行为

机上猥亵及性骚扰是在航空旅行中发生的、针对他人实施的、具有性暗示或性意图的不当行为。这类行为违反了个人的尊严和身体自主权，可能在物理接触和非物理接触层面表现出来，主要包括不当的身体接触、言语骚扰、展示色情材料等。

（三）机上传播淫秽物品及其他非法印制物行为

在机上传播淫秽物品及其他非法印制物的行为，指的是在航空器上分发、展示或传播含有淫秽、色情、暴力、极端主义、恐怖主义、种族歧视等内容的物品，以及未经许可的非法出版物或宣传材料。这种行为不仅侵犯了公共道德和飞行安全，还可能触犯国家关于出版物管理、网络安全、反恐、反极端主义等方面的法律法规。

1　淫秽物品

淫秽物品通常指那些以刺激或满足性欲为主要目的，描述性行为或裸体，且缺乏艺术、科学或教育价值的内容。这可能包括但不限于如下几种。

（1）明显色情的图片、视频、书籍或杂志。

（2）含有露骨性描写或表演的数字媒体文件。

（3）以不正当方式展示人体的雕塑、画作或其他艺术品。

2　其他非法印制物

其他非法印制物则涵盖了广泛的范围，包括如下几种。

（1）未经官方批准的宣传册、小册子、海报，特别是涉及政治、宗教或意识形态煽动的材料。

（2）包含虚假信息、谣言或误导性内容的传单或报纸。
（3）违反版权法的盗版图书、音乐专辑或软件拷贝。

二、处置程序及注意事项

（一）处置程序

1 盗窃行为

机上发生盗窃行为时，应做好以下处置工作。

（1）无怀疑对象的，应询问失主具体情况，了解其是否需要报案，向机长汇报情况。如需报案，机组通知机场公安机关，按照相关规定移交。

（2）存在明确怀疑对象或人赃并获的，应立即报告机长，并对盗窃的行为人进行密切监控，做好证据材料的收集和保护工作。机组报警，按照相关规定办理移交。

2 猥亵行为

机上发生猥亵行为时，应做好以下处置工作。

（1）及时了解当事人基本信息，判断事态，识别行为性质。
（2）迅速报告机长，听从机长指示。
（3）表明身份，警示行为人遵纪守法。
（4）警示行为人注意言行，依法乘机，否则依法采取措施。
（5）调整座位，隔离双方，监护受害人，监督行为人。
（6）询问双方当事人意愿，是否需要报案。
（7）向机长汇报处置情况。
（8）如需报案的，做好证据材料的收集和保护工作。
（9）机组报警，按照相关规定办理移交。

3 传播淫秽物品、其他非法印制物的行为

机上发生传播淫秽物品、其他非法印制物的行为时，应做好以下处置工作。

（1）及时了解行为人基本信息，判断事态，识别行为性质。
（2）迅速报告机长，听从机长指示。
（3）制止行为，收集行为人散发的实物。
（4）警示行为人遵守机上秩序，依法乘机，否则依法采取措施。
（5）对行为人做好监控。
（6）向机长汇报处置情况。
（7）如需报案的，做好证据材料的收集和保护工作。
（8）机组报警，按照相关规定办理移交。

(二)注意事项

1 处置机上盗窃行为时的注意事项

(1)在处置过程中,收集失主关于失窃物品的描述、知情旅客的证言,了解行窃手段;提取的行窃工具及相关物品应妥善保管;对知情者的个人信息做好保护。

(2)做好自身安全的保护,避免意外伤害。

(3)做好客舱监控,尽量防止转移赃物和销毁证据材料。

(4)涉及财物交接的,应当面清点,双方签字,建议有第三方见证人在场。

2 处置机上猥亵妇女、儿童和性骚扰行为时的注意事项

(1)注意收集当事人、周边旅客、机组等相关人员的证言及相关证物。

(2)受害人为妇女、儿童的,由女性乘务员对其进行安抚、询问。

(3)保护受害人隐私,在相对私密环境询问受害人事件经过。

(4)受害人为未成年人的,询问时应当征求其监护人意见。应在监护人陪同下,接受询问。

3 处置机上传播淫秽物品及其他非法印制物行为时的注意事项

(1)处置过程中,注意维护客舱秩序,严防危及飞行安全。

(2)应保管散发物品,并记录其名称、规格、数量、特征等;有举报人的,可以请其陈述或者自行书写事件经过;对其他目击旅客进行询问,了解事件详情。

任务一 机上盗窃行为的处置沟通

案 例

2023年7月15日,东方航空MU5678航班,从广州白云国际机场飞往成都双流国际机场,起飞时间为上午10:00。

乘客李女士乘坐MU5678航班从广州前往成都,随身携带了一个装有重要文件和贵重物品的手提包。大约在飞行至一半路程,即上午11:15左右,李女士前往洗手间。她将手提包放在头顶的行李架上,以为飞机上的环境相对安全,便没有过多担心。当李女士返回座位时,大约是上午11:30,她惊讶地发现手提包被翻动过,包内的钱包不见了,其中包含人民币5000元现金和多张银行卡。此外,一部价值约1万元的相机也不翼而飞。意识到财物被盗后,李女士立即按下呼叫按钮,向乘务员报告了这一情况。

乘务长迅速启动了紧急预案,通过机上广播询问是否有人看到了可疑行为,并要求所有乘客暂时留在座位上,以保持现场完整。同时,乘务组通过机上通信设备联系了目的地成都双流国际机场的警方,通报了案件详情,请求在飞机落地后立即介入调查。在飞机滑行至停机位后,成都警方登机进行了初步调查。

通过对周围旅客询问,警方注意到在李女士离开座位期间,有其他旅客反映坐在同一排的一名男性乘客曾多次起身,并在李女士座位附近徘徊。警方随即对该乘客进行了盘问,并在其随身行李中发现了被盗的钱包和相机(见图9-1)。面对确凿的证据,该男性乘客最终承认了盗窃行为,称因近期经济拮据而一时冲动。

图9-1 机上盗窃情景漫画

想一想:机上出现盗窃事件时,航空安全员应该与旅客有哪些沟通?

一、沟通技巧

(一) 初步评估

沟通用语：

"我是本次航班的航空安全员,我听到您报告了财物丢失。请您保持镇静,我会立刻开始调查了解情况。"

"请出示您的登机牌,告诉我一下具体情况,如失窃物品、最后看到物品的时间等。"

"我理解您现在一定很焦急,我们正在尽全力找回您的财物。请问您能否描述一下失窃物品的特征,这有助于我们的调查。"

(二) 收集信息

1 让失主坐在原位

沟通用语：

"请您先留在座位上,先不要触碰可能的犯罪现场,我们会尽快了解情况。"

2 把可能看见情况的旅客请到服务间,询问旅客

沟通用语：

"您好先生/女士,我们想了解一些情况,如果您目睹了任何可疑行为或有关于丢失物品的信息,请给我们提供一下线索,我们非常感谢您的合作。"

3 填写相关单据

沟通用语：

"为了记录此次事件,我们需要您提供一些具体信息,包括您的个人信息和失窃物品的详细情况。"

二、相关处罚

对于机上盗窃行为的处罚如下。

(一)《中华人民共和国刑法》

第二百六十四条,盗窃公私财物,数额较大,或者多次盗窃、入户盗窃、携带凶器盗窃、扒窃的,处三年以下有期徒刑、拘役或者管制,并处或者单处罚金;数额巨大或者有其他严重情节的,处三年以上十年以下有期徒刑,并处罚金;数额特别巨大或者有其他特别严重情节的,处十年以上有期徒刑或者无期徒刑,并处罚金或者没收财产。

第二百七十条,将代为保管的他人财物非法占为己有,数额较大,拒不退还的,处二年以下有期徒刑、拘役或者罚金;数额巨大或者有其他严重情节的,处二年以上五年以下有期徒刑,并处罚金。将他人的遗忘物或者埋藏物非法占为己有,数额较大,拒不交出的,依照前款的规定处罚。本条罪,告诉的才处理。

(二)《中华人民共和国治安管理处罚法》

第四十九条,盗窃、诈骗、哄抢、抢夺、敲诈勒索或者故意损毁公私财物的,处五日以上十日以下拘留,可以并处五百元以下罚款;情节较重的,处十日以上十五日以下拘留,可以并处一千元以下罚款。

任务二 机上猥亵及性骚扰的处置沟通

案 例

2023年6月12日,南方航空CZ3456航班,从深圳宝安国际机场飞往北京首都国际机场,晚上9:00,乘客王女士乘坐南方航空CZ3456航班,独自一人从深圳前往北京。王女士选择了靠窗的位置,希望在飞行途中能够稍作休息。然而,她未曾料到的是,这段旅程将会成为一场噩梦。

大约在飞行一个小时后,王女士感觉到邻座的男性乘客(以下简称"嫌疑人")似乎拿走了她包里的什么,并开始有意无意地靠近她。起初,她以为这只是偶然,但随着时间推移,嫌疑人的行为变得越来越明显和令人不安。他开始故意用身体触碰王女士,先是手臂,然后是腿部,甚至在一次"不小心"的碰撞中,嫌疑人把手放到了王女士的大腿上,持续了几秒钟。王女士感到极度不适和恐慌,她迅速站起身,向最近的乘务员报告了这一情况。

乘务员立即采取行动,将王女士转移到了另一个空位,并通过内部通信系统通知了航空安全员。安全员迅速赶到现场,了解了事情的经过,并与王女士进行了简短的交流,确认了事件的基本情况。在确保王女士安全的前提下,安全员将嫌疑人移到了飞机后部的一个单独座位,远离其他乘客。

飞机安全抵达北京首都国际机场。在飞机滑行至停机位后,首都机场警方登机,根据安全员提供的初步调查结果,对嫌疑人进行了询问和调查。嫌疑人最终承认了猥亵及性骚扰行为,并对偷窃手机的事实供认不讳。根据《中华人民共和国刑法》和相关法律法规,其行为构成了猥亵妇女罪和盗窃罪。警方依法将其带离飞机,进行进一步的调查和法律程序。

想一想:如果被猥亵人员是未成年人员,我们应该如何沟通?

一、沟通技巧

(一)了解情况

❶ 与受害者沟通时注意以同性询问为主

沟通用语:

"我是本次航班机组成员/乘务员,我了解到您可能遭受了不当行为。请告诉我发生了什么,我在这里是为了帮助您。"

❷ 询问具体过程

沟通用语:

"请您描述一下具体发生了什么,任何细节都可能有助于我们解决问题。"

❸ 寻找周围旅客收集信息

沟通用语:

"您是否有了解刚才出现的事情,包括您知道的时间、地点、行为描述以及有没有其他目击者。感谢您为我们提供线索。"

(二)报警工作

❶ 安抚受害者

沟通用语:

"我理解这可能让您感到不舒服,但请放心,我们正在采取措施确保您的安全。"

2 询问受害者

沟通用语:

"您在飞机落地后是否需要医疗援助或心理支持。"

"您有权选择是否报告给警方,无论您的决定是什么,我们都会尊重和支持您。"

"我们已经联系了机场警方,他们会在飞机降落后介入调查。"

"请相信,我们正在竭尽所能确保您的权益得到保护。"

二、相关处罚

对于机上猥亵或性骚扰的行为处罚如下。

(一)《中华人民共和国刑法》

第二百三十七条,以暴力、胁迫或者其他方法强制猥亵他人或者侮辱妇女的,处五年以下有期徒刑或者拘役。聚众或者在公共场所当众犯前款罪的,或者有其他恶劣情节的,处五年以上有期徒刑。猥亵儿童的,处五年以下有期徒刑;有下列情形之一的(如猥亵儿童多人或者多次的),处五年以上有期徒刑。

(二)《中华人民共和国治安管理处罚法》

第四十四条,猥亵他人的,或者在公共场所故意裸露身体,情节恶劣的,处五日以上十日以下拘留;猥亵智力残疾人、精神病人、不满十四周岁的人或者有其他严重情节的,处十日以上十五日以下拘留。

任务三 传播淫秽物品及其他非法印制物行为的处置沟通

案 例

2019年3月15日,中国国航CA987航班,从上海浦东国际机场飞往纽约肯尼迪国际机场,起飞时间为北京时间下午4:00。

在长达13小时的跨洋航班上,大多数乘客都在休息或观看娱乐节目。然而,一场突如其来的事件打破了机舱内的平静氛围。大约在北京时间晚上9:30,乘务员接到了一位乘客的紧急报告,称其邻座的男性乘客(以下简称"嫌疑人")正在使用个人电子设备播放并试图分享一些明显包含淫秽内容的视频给周边乘客观看。这一行为不仅令多名乘客感到震惊和不适,还引起了儿童乘客的家长的强烈抗议。

接到报告后,乘务长迅速通知了航空安全员,并要求所有乘客保持冷静,不要围观。安全员立即前往事发区域,确认了情况的真实性,要求嫌疑人立即停止播放淫秽内容,关闭设备,并将嫌疑人移至远离其他乘客的座位,以防止进一步的干扰。考虑到事件的严重性和跨国性质,安全员通过机上的通信系统,提前通知了纽约肯尼迪国际机场的执法部门,包括美国联邦航空管理局(FAA)和美国国土安全部(DHS),通报了事件的详细情况,请求在飞机着陆后立即介入调查。

一、沟通技巧

(一)初步评估

沟通用语:

"我是本次航班的航空安全员,我需要您关闭设备并配合我的调查。"

"我是航空安全员,我注意到这里似乎有些问题。请停止您正在做的事情,让我们看看能怎么解决这个问题。"

"为了所有乘客的安全和舒适,我需要您跟我来到一个更安静的地方,我们可以私下讨论这件事。"

"我们需要确认您正在观看或分享的内容,请允许我检查您的设备。"

(二)行为警告

沟通用语:

"在飞机上传播淫秽物品和其他非法内容是严格禁止的,这违反了航空安全规定和法律法规。"

"我要求您现在立即停止任何非法的行为,关闭相关的内容,并将设备交给我保存直至航班结束。"

"我已经通知了地面的执法机构,他们会在此航班降落后进行进一步的调查。"

(三)机上秩序维护

沟通用语:

"我们正在处理一桩突发事件,已经采取了措施确保大家的安全。如果有任何疑问或不适,请随时告诉我们。"

"请大家保持冷静,继续享受您的飞行。如有需要,我们会及时更新情况。"

"为了处置这次事件,我们需要您的协助,提供一份证人证词,描述您所看见的事情。"

"机长,客舱中遇到了一起涉及传播非法内容的事件,我已采取措施控制局面,请通知地面执法机构。"

二、相关处罚

对于机上传播淫秽物品及其他非法印制物行为处罚如下。

(一)《中华人民共和国刑法》

第一百零五条,组织、策划、实施颠覆国家政权、推翻社会主义制度的,对首要分子或者罪行重大的,处无期徒刑或者十年以上有期徒刑,对积极参加的,处三年以上十年以下有期徒刑;对其他参加的,处三年以下有期徒刑、拘役、管制或者剥夺政治权利。

第三百条,组织、利用会道门、邪教组织或者利用迷信破坏国家法律、行政法规实施的,处三年以上七年以下有期徒刑,并处罚金;情节特别严重的,处七年以上有期徒刑或者无期徒刑,并处罚金或者没收财产;情节较轻的,处三年以下有期徒刑、拘役、管制或者剥夺政治权利,并处或者单处罚金。

第三百六十四条,传播淫秽的书刊、影片、音像、图片或者其他淫秽物品,情节严重的,处二年以下有期徒刑、拘役或者管制。组织播放淫秽的电影、录像等音像制品的,处三年以下有期徒刑、拘役或者管制,并处罚金。

(二)《中华人民共和国治安管理处罚法》

第二十三条,有下列行为之一的(如扰乱公共汽车、电车、火车、船舶、航空器或者其他公共交通工具上的秩序的),处警告或者二百元以下罚款;情节较重的,处五日以上十日以下拘留,可以并处五百元以下罚款。

实操训练

情景模拟——机上盗窃

航班基本信息:

航班号:CA2222,航线:北京—上海,时间:14:00—16:30。

情景描述:

在CA2222航班从北京飞往上海的途中,安全员在例行巡视时注意到一名旅客行为异常。该旅客频繁地在座位间走动,并且对行李架上的行李表现出过度的关注。在一次巡视中，安全员注意到该旅客在一位熟睡旅客的座位附近徘徊，并试图打开行李架上的一个不属于他的包。

要求：

两人一组，一名安全员、一名试图盗窃的旅客，安全员需要对试图盗窃的旅客进行询问和警告，同时确保不引起其他旅客的恐慌。安全员进行语言沟通模拟。

在线答题

情境三

重大案(事)件处置沟通

学习目标

○ **知识目标**
1. 掌握危情沟通的含义、功能和原则。
2. 掌握民航劫持犯罪的类型。
3. 明确劫持犯罪案件发生后民航人员的职责,掌握一些具体策略。
4. 了解我国极端航空犯罪行为的基本特征。
5. 掌握危情沟通四个阶段的特点及沟通重点。

○ **能力目标**
1. 能够正确说出犯罪动机,并判断其解决的难易程度。
2. 能够正确说出一些可操作的具体策略。
3. 能够说出机上谈判的特征。
4. 能够根据不同对象、不同场景灵活使用话术模板。
5. 能够根据劫持者外显表现及语言特点判断出其心理特征。

○ **思政目标**
1. 维护国家领空安全意识,具有爱岗敬业的奉献精神。
2. 培养学生不畏胁迫、敢于斗争、争做英雄的品质。
3. 培养学生换位思考能力、主动思考能力、抗压能力、情绪调节能力、解决问题能力。
4. 引导学生树立社会主义核心价值观,团结协作,尊重他人。
5. 培养学生爱国情怀和大局意识,牢固树立保障国家及人民群众生命财产安全的职业理念。

思维导图

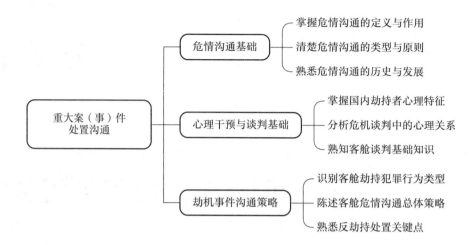

案例导入

在一次飞行途中,安全员注意到一位行动不便的乘客艰难登机,便主动上前帮助。乘务长也热心地为他指引座位,并在起飞前检查安全带。然而,起飞后不久,这位乘客突然解开安全带并站起,乘务长试图阻止,但对方无视提醒。

紧接着,这位乘客将手中的拐杖折断,将金属管分给周围的几名男子。这时,坐在经济舱的乘客们意识到情况不妙。一名坐在驾驶室门外的乘客发现异常,大声喝止,但随即遭到围攻。乘务长立即向机长报告情况,并在机长的指挥下,用尽全力阻止歹徒靠近驾驶室。

混乱中,乘务长和其他空乘人员奋力抵抗,但最终不敌歹徒的暴力,被击倒。此时,一名便衣警察挺身而出,号召其他乘客加入战斗。在便衣警察的组织下,乘客们团结起来,与歹徒展开了激烈的对抗。

机长通过监控器观察到客舱内的混乱情况,决定返回机场,并通知地面做好应对准备。在乘客和机组人员的共同努力下,歹徒最终被制服。飞机安全降落后,武警迅速控制了现场,将歹徒带走。

事后调查发现,这些歹徒是恐怖分子,企图劫机前往国外。在他们的计划受阻后,甚至企图引燃爆炸物。幸运的是,他们的阴谋被挫败,而那些在危机中挺身而出的英雄们,包括那位勇敢的便衣警察和其他乘客,都得到了相应的表彰和嘉奖。

资料来源 凤凰网

行业精神

民航人三个敬畏之"敬畏生命"

敬畏生命是民航工作的原点,体现了民航业的价值追求。民航工作的首要任务就是

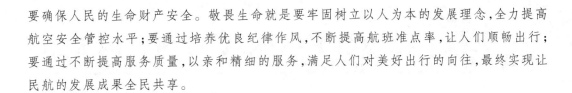

要确保人民的生命财产安全。敬畏生命就是要牢固树立以人为本的发展理念,全力提高航空安全管控水平;要通过培养优良纪律作风,不断提高航班准点率,让人们顺畅出行;要通过不断提高服务质量,以亲和精细的服务,满足人们对美好出行的向往,最终实现让民航的发展成果全民共享。

项目十　危情沟通基础

在世界民航史上,针对民用航空中出现的劫持犯罪事件,刚开始各国政府及相关部门为了显示其实力,都单纯以武力来处置,但结果是付出了惨重的代价。武力解决即使成功解救了人质,但是目睹攻击那一刻的惨烈,无论是人质还是围观的人,都会产生恐慌和害怕。这种血的教训告诉我们,在处置这类危机事件时,切不可单纯地"以暴制暴",否则后果不堪设想。

考虑到一架飞机上满载数以百计的乘客,加上飞机的资本价值,为避免引发一系列极为恶劣的后果,很多国家在处置劫持犯罪事件时都采取了一种局部妥协式的沟通模式。

任务一　掌握危情沟通的定义与作用

一、危情沟通的含义

"危情",这一概念在《辞海》中被解释为"潜伏的祸机",而在《现代汉语词典》中则被定义为"危险的根由"或"严重困难的关头"。在英文语境中,它可以被翻译为"crisis""emergency"或"incident",《韦伯字典》进一步将其阐释为"一个可能带来好转或恶化的转折点或关键时刻"。荷兰莱登大学的危情管理专家乌里尔·罗森塔尔在其著作《处理危情:灾难、暴乱、恐怖主义的管理》中提出,危情是一种对社会系统的基本结构或价值规范构成严重威胁的形势,要求决策者在极不确定且时间紧迫的情况下做出关键决策。可见,危情事件是指一种不可预测的,对社会组织具有严重危害,对组织的生存发展有着重大的影响,引起舆论高度关注的突发性重大事件。

"危情沟通"中的"危情",是指某些个体或组织为了满足个人或组织的目的和需要而制造的危害公共安全的事件,包括自杀事件、围困事件、家庭暴力事件、劫持人质事件、恐怖劫持活动等。危情谈判就是空警、航空安全员通过各种沟通对话,与制造危情的个体或组织进行协商,希望危情事件当事人能够停止危险行为,争取和平解决事件的活动。

因此,危情沟通是空警、航空安全员在处置公共危情事件中,以和平化解危情或缓和现场对抗气氛为目的,通过不断地沟通对话,努力降低危情事件的危险程度,并通过双方的条件交换和相互妥协,寻求化解危情的办法,并逐步化解危情的过程,也包括在谈判结果无法达成的时候,通过谈判为武力解决问题创造时机的战术性谈判。

"危情沟通",亦可称为"危情谈判",其要素包括危情谈判主体、危情谈判议题、危情谈判方式、危情谈判约束条件等。

(一)危情谈判主体

谈判的参与者,即谈判主体,构成了谈判活动的基础。本质上,谈判是一场以语言和心理策略为武器的较量,各方为了实现自身的目标和需求而展开。危情谈判的双方主体是危情制造者和危情处置者。

危情制造者可能包括企图自杀的个体、实施家庭暴力的人、劫持人质的犯罪分子,以及在恐怖活动中扮演关键角色的恐怖分子。这些行为者通常出于实现特定目的,不惜采取行动威胁到公共安全和扰乱社会秩序。特别是在民航领域,这些行为往往在航空管制区域或飞机内部发生,增加了处理的复杂性和紧迫性。

危情处置者主要指那些接受过专业训练、具备谈判技巧的空警和安全员。他们是维护航空安全的关键力量,在危情发生时,负责与危情制造者进行直接沟通和协商。尽管处理危情的过程可能涉及与多方角色的沟通,但最为关键的协商环节,无疑是在危情制造者与专业的空警、安全员之间展开的。这两方在谈判桌上的对峙,无疑体现了一种明显的对立关系。

(二)危情谈判议题

所谓谈判议题,是指双方致力于通过协商达成共识的中心问题。这种问题既可以是立场观点方面的,也可以是基本利益方面的,还可以是行为方面的。

一个议题能否成为谈判桌上的讨论焦点,通常需要满足以下几个基本条件。一是它必须对谈判双方具有普遍的重要性,必须是双方都迫切希望解决的问题,如果不具备这一点,就构不成谈判议题。二是它要具备可谈性。也就是说,谈判的时机要成熟。谈判时机的成熟是谈判各方得以沟通的前提。当然,成熟的时机也是人们经过努力而逐步达到的。三是谈判议题必然触及各方的利益,这是谈判各方愿意参与讨论的关键驱动力。

在危情谈判的情境中,核心议题通常聚焦于保障现场人员的安全,并促使危情制造者停止其危险行为。这一议题不仅关系到双方的共同利益,也为双方提供了协商的空间,并且是双方相互制衡的焦点。虽然在不同的危情事件中,当事人可能会提出各种不同的要求,导致具体的议题内容有所差异,但危情谈判的最终目标始终是确保人员安全和促使行为人放弃危险行为。在谈判的整个过程中,空警和安全员作为谈判员,必须始终牢记这一核心议题。

(三)危情谈判方式

谈判方式,是指空警、安全员谈判双方之间对解决谈判议题所持的态度或方法。危情谈判的方式主要是有软有硬的谈判,也称为"合作原则谈判法",即通过强调各方的利益和价值,通过强调事物的原则来确定事物的性质,而不是在各方表示他要做什么或不做什么的问题上讨价还价、争论不休。它是根据价值来达成协议,根据公平的标准来作决定,采取灵活变通的方法,以寻求谈判双方各得其利、均有所益的最佳方案。

合作原则谈判法有四个组成部分:一是对谈判对手采取对事不对人的态度;二是对各方利益采取着眼于利益而非立场的态度;三是制订双赢方案;四是引入客观评判标准。

(四)危情谈判约束条件

谈判过程中的约束条件,指的是那些对谈判进程和结果产生显著影响的各种因素。这些因素可能包括:谈判的规模是个体间的对话还是团队间的协商?参与方是单一的两方还是涉及多个利益相关者?谈判团队内部是否达成了共识?代表的决策权限有多大?最终的谈判结果是否需要得到更高层次的批准?是否存在与主要议题相关的其他问题?谈判是否有时间限制,是在保密的环境中进行还是公开进行?这些问题都可能在不同程度上对谈判产生制约作用。

在危情谈判中,约束条件尤为复杂和多变。例如,危情制造者可能是单独行动的个体,也可能是有组织的团体,他们的内部意见是否统一?空警和安全员在内部协作和意见一致性方面表现如何?谈判员的决策权限范围有多大?谈判的时间通常非常紧迫,外部环境充满了干扰和不可预测的因素,这些都对谈判的策略和结果有着深远的影响。

二、民航劫持犯罪事件的范围

民航劫持犯罪事件主要是指危害民航安全的劫持飞机、劫持民航设施以及恐怖劫持等活动。民航劫持犯罪事件具体手段或实现目的的方式主要有如下几种。

(一)劫持乘客或机组人员

就目前世界民航安全情况而言,劫机犯罪有单个劫持者对机上单个乘客或机组人员的劫持、单个劫持者对多名机上乘客或机组人员的劫持、多个劫持者对多个机上乘客或机组人员的劫持三种。

(二)劫持民用航空设备设施

劫持民用航空设备设施是指劫持者为了达到自己的目的,携带爆炸物进入民航机场或设施内,以炸毁公共设施的手段来胁迫政府或民航人员让步。

(三)劫持行为人对自我劫持

劫持行为人对自我劫持是指劫持者因为复杂的社会因素或个人的生活原因,在被逼无奈的情形或现实态势下,在飞机上以自我威胁生命的方式进行要挟,如不满足其要求,就会以极端的行为自我结束生命。

例如,2016年3月29日,埃及航空公司一架从亚历山大飞往首都开罗的航班被一名男子劫持。该男子声称腰缠炸弹,要求客机降落在塞浦路斯南部滨海城市拉纳卡机场,目的是要去见其前妻。

三、危情谈判的特点

危情谈判与其他的谈判,如商业谈判、外交谈判等相比较,由于其涉及危情事件,威胁着社会公共安全,以及公民的人身安全,导致危情谈判具有以下几个鲜明的特点。

(一) 突发应对性

危情事件往往是突然发生的,有时候难以做到正确预警。危情事件一旦发生,政府和相关的职能部门往往需要在很短的时间内就必须作出适当的反应,具有一定的挑战性。突发性是危情事件的基本特征之一,民航公安机关和航空运输主管部门难以对危情事件何时爆发、以何种形式爆发作出准确的预测,导致一旦危情事件成为现实时,在紧急状况下往往难以应对,形成正确的决策,采取适当的办法和措施来妥善处理与解决危情事件。

被动应对突发危情,是危情谈判与其他常规谈判的最大区别,即很难在第一时间做到"知己知彼",提前规划。因此,危情谈判往往是在没有充分准备,有些茫然不知所措的情况下开展。应对突发性最好的方法就是不断地实战练习,丰富危情谈判的经验,从而建立危情谈判的信心。但是即使这样,我们仍然无法消除危情谈判的被动应对性。

(二) 时间紧迫性

机上危情谈判介入的事件往往是对航空器的安全及其所载人员生命和财产造成严重威胁。这就给危情谈判带来很大的时间压力,需要在最短的时间内完成稳定当事人的情绪、缓和现场气氛的任务,而且在没有时间收集足够的资料和情报信息的情况下,先进入谈判程序中,边谈边收集。无充分准备、无充分资料与紧迫的时间共同成为危情谈判难以克服的困难,甚至与谈判本身对时间的需求形成矛盾,这往往会影响谈判员的信心,而谈判员的信心是谈判取得进展的重要条件之一。

此外,时间的紧迫性还表现为危情事件当事人的心理忍耐性和承受力、危情处置指挥员的心理忍耐性和承受力,以及外部公众的心理忍耐性和承受力。这些都会转化为对危情谈判时间的苛求,使得谈判员能够施展的空间很小。

(三) 资源有限性

在危情现场,危情谈判可以利用的资源非常有限,如关于当事人的背景资料,人质、重要关系人等其他人的资料、关于现场环境的资料,以及关于现场其他处置力量准备的进展情况。此外,每个危情事件谈判对物质条件、人力资源的需要都不同,这些虽然可以尽力在事前做好准备,但更多时候还是要在现场即时作出反应,即使在这种资源缺乏的情况下,危情谈判仍需要继续,不能因此而放弃。其实,空警、安全员期望通过谈判来争取时间,实现现场资源的调度和准备。有限的资源在很大程度上限制了危情谈判功能的充分实现。

(四) 环境局限性

危情谈判的环境具有不可控性,会受到事发现场实际情况的局限,如外部公众、噪声、视线、光线、通信工具等情况。这些环境因素在空警、安全员谈判介入后,有些可以通过外部控制和与当事人谈判沟通后共同营造一个较为合适谈判的环境,但是更多情况下,谈判的环境是相当糟糕的,能够改善的空间不大,对当事人和空警、安全员谈判员的心理影响很大。危情事件当事人多数选择公共场合,因此,控制环境中突发性情况的难度很大,而突发性情况却会对事件处置造成很大的影响。

(五)处理技巧专业性

危情谈判的一方主体是空警、安全员,而且需要是专门接受过专业训练的空警、安全员谈判小组,这主要是因为危情谈判是一项专业性很强的工作。一方面,要熟悉空警、安全员危情现场处置工作的程序和模式,能够熟练地与空警、安全员其他处置力量之间进行协同配合;另一方面,要具有熟练的沟通技巧和敏锐的洞察对方情绪变化的能力,能够有效地疏导、控制、引导对方的情绪。双重专业性是危情谈判的一个重要特点。

(六)结果的严重危害性

各种危情事件都具有重大的破坏性,往往会给人们的生命财产造成损失,给社会带来动荡和波动。一些重大的危情事件产生的后果很严重,如重大恐怖袭击事件、重大恶性暴力犯罪案件,其影响往往要持续相当长的一段时期,给社会的正常秩序带来巨大的冲击,其损失是难以估量的。因此,危情谈判失败的后果往往是失去生命。这也是危情谈判面对的后果压力。

四、危情沟通的功能

危情沟通是一种特殊的沟通协商模式,它既不同于一般性的劝说,也不同于政治、军事、外交、经济类谈判,它是以"沟通双方地位不对等,且进入沟通状态是非自主性"为主要表现的,对民航处置危机事件过程中收集信息、争取时间、改变被动局面等具有重要的价值和意义。

(一)降低危害程度

在民航反劫机过程中,武力处置劫持犯罪事件最大的问题是"投鼠忌器"。机舱内空间有限,使得武力干预的难度增加。如果武力使用不当,不仅无法迅速制服劫持者,还可能危及机上人员和飞机的安全。因此,关键在于与劫持者建立沟通,努力影响和改变他们的情绪、态度和行为,以期用最小的成本和最低的风险化解危机,降低或减轻潜在的危害。

(二)延缓暴力行为

通过与劫持者展开对话交流,一方面,可以将劫持者的注意力从劫持对象或其他事物身上吸引过来;另一方面,还可以通过一些细节性问题的深入探讨,使劫持者的暴力行为得到延缓,从而减缓危机事件发展的速度,减轻乘客和机组人员的精神压力。

(三)收集有利信息

危机事件一旦发生,为便于制定或实施处置措施,需要明确和评估事件风险程度。劫持者的话语承载着大量的信息，这也是处置人员了解劫持者的重要渠道。通过与危机事件行为人对话，可以充分了解事件的前因后果、身份背景、动机目的、心理状态、精神状况及智力水平和犯罪工具等。这些将为危情沟通人员或前期介入者采取沟通策略及分析研判态势提供支撑，也可以为后方团队调查劫持者身份以及制定恰当的处置策略提供保障。

（四）创造处置条件

危情沟通是民航危机事件处置的一种手段或策略，即使危机事件最终是以武力解决的，也并不意味着危情沟通的失败，因为为武力攻击争取时间和为武力处置创造机会也是危情沟通的重要价值之一。因此，要借助沟通协商，为武力处置人员争取时间。同时，通过不断引导劫持者进行交流，随时把握劫持者动态，促使劫持者出现防卫与控制上的破绽，为武力处置创造条件。

任务二　清楚危情沟通的类型与原则

一、危情沟通的类型

危情谈判在空中安保勤务工作中广泛应用，形成了众多不同类型的谈判。准确了解不同类型的危情谈判，区分其特点，可以有针对性地掌握谈判的基本策略和方法，做到真正有效地展开谈判。

（一）按谈判对象的人数分类

依据危情谈判对象的人数，可以将危情谈判分为一对一谈判和一对多谈判。

作为专业规范的危情谈判，空警、安全员谈判组在运作过程中，只有一个相对固定的谈判员与当事人进行对话。而对方可能是一人，也可能是多人。一对一的谈判从引导与控制其心理变化的角度来说，相对容易。因为在危机现场，当事人除了与谈判员交流，没有其他交流对象。而当对方是多人时，谈判难度相对增大，因为他们之间能够交流和商量。当然对方是多人的谈判，如果他们内部意见不统一，也会给空警、安全员制造一些机会。

（二）按危机事件的性质分类

依据危机事件的性质，可以将危情谈判分为自杀事件谈判、劫持人质事件谈判、恐怖劫持事件谈判、群体诉求事件谈判。

这些事件的性质不同，因此在谈判策略上有很大差别，这会在后面的相关章节中进行详细分析。

（三）按介入谈判的方式分类

按照空警、安全员介入谈判的方式，可以将危情谈判分为直接谈判和间接谈判。

所谓直接谈判，是指空警、安全员直接参与当事人进行谈判；所谓间接谈判，是指空警、安全员作为第三方指导另一方与当事人进行谈判。一般的危情谈判都是空警、安全员谈判员以空警、安全员代表的身份直接参与谈判，但是在一些特殊现场，如当事人并未表现出某些威胁性，为了更好地降低事件激化的可能性，而不让他知道空警、安全员介入更有利于解决问题的情况下，可以由空警、安全员谈判员指导能够与当事人建立对话关系的人进行谈判。在谈判的过程中，空警、安全员通过不断地指导对话者，从而间接地引导当事人。

（四）按谈判进行的方式分类

按照谈判进行的方式，可以将危情谈判分为面对面的谈判、电话谈判和书信谈判。

一般在保证安全的情况下，谈判员可以与当事人进行面对面的谈判。这样的谈判使谈判员比较容易运用声音、肢体语言等技巧来影响当事人。但是在一些危机事件中，因受枪支、爆炸物或距离的影响，而无法进行面对面谈判的，可以借助通信工具，电话谈判就是常见形式之一。通过电话谈判，谈判员可以运用语言的力量来影响当事人。但是，有时当事人不愿进行语言交流，而是采取书面交流的方式。书面交流的速度较慢，有相对多的时间斟酌语句，但是对于及时掌握当事人心理而言却没那么及时与直接。

（五）按谈判的目标分类

按危情谈判的目标，可以将危情谈判分为宣传式高压谈判、协商和解谈判和战术性谈判。

宣传性高压谈判就是从心理上威慑当事人，施加压力，这是传统的劝降。协商和解谈判就是通过理解对方的利益和需求，然后商讨一个和平解决的方案，这是以和平解决危机事件为目标的谈判。战术性谈判就是通过谈判分散当事人的注意力，或者创造机会，配合武力攻击，实现武力快速制胜，这是以配合武力进攻为目标的谈判。

二、危情沟通的原则

为确保民航劫持犯罪案件处置的效果，尽可能实现零伤亡或以最小的代价解决危机，危机介入人员在进行沟通时必须遵循以下基本原则。

（一）确保安全，生命至上

"确保安全，生命至上"原则，是危情沟通的首要原则。该原则中的"生命"，既包括被劫持者的生命、航班其他旅客的生命、机上工作人员的生命，也包括劫持者的生命。解救人质与制服劫持者是相互联系又相互制约的，如果不考虑被劫持者的生命安全，制服劫持者是很容易的，若要在保障被劫持者安全的前提下制服劫持者，那么制敌的时间、方式乃至地点选择就会受到限制。拯救被劫持者的行为要建立在尊重生命的基础上。因此，在该原则下，制服劫持者是以保证被劫持者的生命为先决条件的。

"安全",不单指生命安全,也包括财产安全,指的是确保乘客的生命安全与飞机安全。通过沟通,争取危机事件和平解决,避免或减少人员伤亡和财产损失,或者通过采取战术性策略配合武力处置人员解决危机事件,使人员伤亡和财产损失的危险降至最低。安全、和平地解决危机事件,保护现场相关人员的安全,是危情沟通工作追求的最高目标。

案 例

某客机遭劫背后:劫机者携带橡皮泥假炸弹

2007年8月,一架飞机遭2名男子劫持,随后紧急迫降。在与安全部队僵持数小时后,劫机者最终向当局无条件投降,所有乘客和机组人员均安然无恙。

一、劫机者想飞往某国

据媒体报道,当时,机上共有包括8名儿童在内的136名旅客和6名机组人员。飞机起飞后大约20分钟,2名青年男子突然起身冲向驾驶舱,并宣称劫持飞机。在破坏驾驶舱门的企图失败后,劫机者遂将一名机组人员挟持为人质,并声明自己随身携带有爆炸物品,要求机上乘客服从命令。通过闭路通话系统,两人要求驾驶员将飞机开往A城,但驾驶员以航程太长为由,提出要在途中停留以便补充燃油。于是,飞机很快在B城机场实施紧急降落。

二、机上乘客胜利逃亡

飞机着陆后,早已得到机组人员通报的当地反劫机部队迅速将飞机包围。与此同时,经过与机上乘客的短暂谈判,劫机者同意让妇女和儿童首先离机。劫机者命令成年男性不要妄动,不过后者显然没有服从,而是趁劫机者处于机身前方时设法打开了后部舱门并成功逃亡。由现场直播画面可见,大批乘客争先恐后地从机舱冲出,四散奔走,一些人在跳下飞机时受伤。混乱中,2名驾驶员也经由窗户顺利逃离驾驶舱。

眼见情况不妙,2名劫机者将机上仅剩的4名乘客和2名机组人员扣留,要求当局为飞机提供燃料和新的驾驶员,但遭到军警方面的拒绝。在经过将近5个小时的对峙后,劫机者终于释放全部人质并向安全员投降,他们随即被警察戴上手铐离开机场,除少数人因精神紧张而昏厥外,客机上所有的乘客和机组人员均没有重大伤亡。

三、橡皮泥做的假炸弹

据当事人回忆,2名劫机者看上去都不到30岁,从种种表现来看,他们事先似乎并未周密筹划,所使用的劫机手法相当的"业余"。一些分析人士认为,专业的恐怖分子绝不可能用如此"温柔"的方式对待乘客。因此,军警兵不血刃地解决危机,并不出人意料。另一些乘客还说,2名劫机者的举止显得"相当温和",他们不仅允许乘务员为旅客提供饮用水,还一再声明"彼此都是同胞,我们不会伤害大家的生命"。

事后调查发现,所谓的炸弹实际上是由橡皮泥制成的假炸弹。劫机者的动机似乎是出于对某些国家政策的抗议,而非恐怖主义行为。整个事件中,乘客和机组人员表现出了极大的勇气和智慧,最终确保了所有人的安全。

（二）大局意识，团队协作

危机现场的沟通协商不仅是语言应对的过程，也是整个现场处置力量密切配合的过程。团队协作原则要求危情沟通必须以团队形式进行。面对民航危机事件，尤其是劫机事件发生时，进行危情沟通的人员可能是机上乘务员或其他机组人员。在这个过程中，危情沟通介入者既要与劫持者进行对话，又要处理许多与对话密切相关而自己又不可能全部知晓或控制的事务，因此，必须借助机组或团队其他人员的协助和支持。

民航反劫持危情沟通团队，可以借鉴《危机谈判》一书所构建的警务危机谈判团队建制。《危机谈判》一书指出，在警务危机谈判过程中，需要收集的资料包括但不仅限于：劫持者的情况（人数、姓名、性别和背景等），被劫持者的情况（人数、姓名、性别、背景以及是否受伤），事件起因（劫持行为发生的原因和目的以及与劫持者的关系），事态现状（外围控制、内围控制、劫持者有无伤害行为、双方的精神状态），劫持者重要关系人及联系方式，劫持者提出的要求，劫持者的武器，劫持场所的特点，等等。

针对民航劫持事件，尤其是空中劫机事件，由于机组人员数量较少，建议由两人建立危情沟通团队，一人为沟通主力，一人为协作助手。其中，协作助手做收集资料、提供策略、记录情报、提供物料等工作。团队协作还要求危情沟通人员应具有服从大局的观念。解决危机的手段和模式有很多，危情沟通只是其中一种，最终选用哪一种手段解决危机，要视危机事件的具体特点和发展状况决定。民航工作人员要具有全局观念，服从事件的整体处置要求，当接到武力攻击指令或暗示时，应坚决服从并执行，立即转为战术性沟通模式，积极配合武力攻击人员实施攻击计划。

（三）双线发展，力求智取

双线发展，是指在危机事件处置过程中，和平解决与武力处置两种手段双管齐下。危情沟通是一种攻心之术，是一种智取的方式，但并非每次都能达到或实现这样的功效。因此，危情沟通在为武力处置创造条件的同时，武力准备也为危情沟通提供强有力的保障。在危情沟通主导阶段，团队人员要积极准备武力攻击行动，确保攻击行动可以随时发起；在武力攻击主导阶段，危情沟通人员要积极配合攻击行动，实现攻击目标。在危机事件处理中，两种手段有机配合，可以使危机处理工作更加有效、主动和合理。

（四）人事分离，构建双赢

在展开对话的过程中，由于双方的立场不同、目标不同，以及刻板印象或先入为主的一些观念，我们很容易对沟通对象产生不良印象或误解歪曲对方讲话的内容。很多危机事件的发生都是由一定原因导致的，劫持者可能是出于贪婪的欲望，也可能是无奈之举或莽撞冲动，因此在沟通过程中，危机处置相关人员要尽可能把人和事分开来处理，对事不对人，对沟通对象保持应有的尊严和人格上的尊重，尽量避免先入为主或刻板印象等偏见的影响。同时，以减轻或降低危害程度为目的，着眼于当前危机处置的目标和利益而非立场，尽量提出对双方都较为有益的选择方案，坚持使用一定的客观标准。

问答题

概述危情沟通需要遵循的原则。

在线答题

任务三 熟悉危情沟通的历史与发展

警方在处置危机时,利用各种方式与危机制造者对话,作为现场处置的一个现象,从警务工作出现就产生了。但是作为专业化的危机谈判则是社会发展到一定阶段,人们都期待用和平而不是消灭的手段解决问题,才被广泛采用,并逐步完善,形成一整套理论体系和运作机制的"警务危机谈判"。

一、国外危机谈判的发展历史与现状

西方特别是欧美国家,其警务处置上较为先进。随着暴力活动增多,恐怖活动的频繁,加上民众对警方专业化的要求,危机谈判开始从一种自发的对话,转化为日益专业化的警务活动,主要经历了以下三个阶段。

(一)萌芽阶段

在20世纪60年代之前,尽管在一些危机现场已经自发地出现了与危机制造者的对话沟通,但这并未成为一项专业的处理方法。当时警方更关注的是如何利用致命武器有效对抗犯罪分子,以及如何使用特殊装备来应对社会动乱和恐怖主义行为。

到了20世纪60年代中期,随着恐怖活动的激增,如劫机等暴力犯罪行为严重破坏了社会秩序,这促使警方必须提高其专业化的应对能力。因此,准军事化的特种部队,如SWAT(特种武器和战术部队)开始成为警方处理各类暴力事件的主力军。

1967年,洛杉矶警察局率先成立了一支这样的特种部队。当时,尽管警方有时会尝试说服当事人放弃其行为,但这并不是强制性的,更关键的还是通过使用武力来解决问题。

(二)形成阶段

慕尼黑人质劫持事件是国际危机谈判发展史上的一个转折点。由于当时国际社会普遍缺乏应对此类事件的经验,许多国家甚至还没有设立专门机构来打击恐怖主义。德国警方在解救行动中,由于经验、训练和装备的不足,加上情报失误,未能成功营救,导致11名人质全部遇难,8名恐怖分子中有5人死亡、3人被捕。这起事件震惊了世界,德国政府因处理不当而受到广泛批评,认为其忽视了人质的安全,随后的法律诉讼也持续了多年,该事件被称为"慕尼黑惨案"。

"慕尼黑惨案"之后,各国开始加快建立危机谈判机制和反恐组织的步伐。1973年,纽约警察局率先启动了一项计划,包括组建"飞虎队"和对侦探进行专业谈判培训。不久后,

美国联邦调查局(FBI)也推出了类似的计划。

(三)专业化阶段

随着危机谈判在各国警务实践中的重要性日益凸显,全球的警察部门都在积极地构建危机谈判机制,加强队伍培训,并不断促进国际交流与合作。在美国、德国、俄罗斯、英国等国家,警务危机谈判已经取得了显著进步。

在美国,在警界心理学家 Harvey Schlossberg 和警官 Frank BSIZ 的领导和推动下,危机谈判专家开始在警界发挥重要作用。1989年的调查显示,68%的州级警察厅、76%的大型市政警察局,以及30%的小型市警察局都配备了专业的谈判团队。

到了1998年,一项研究显示,大多数非专职谈判专家每年平均执行11次谈判任务,并接受了大约32小时的专业培训。

美国联邦调查局提出了 BCSM 模式的危机谈判,这一模式涵盖了5个关键步骤:积极倾听、理解劫持者的情感和处境、建立信任关系、影响劫持者以及改变劫持者的行为。这一模式已被全球许多国家和地区广泛认可和采纳。危机谈判已成为处理危机事件的专业手段。

在这一发展阶段,谈判专家们还对自身的角色进行了深入思考。最初的谈判专家往往认为自己是人质谈判的专家,认为只有通过谈判让劫持者释放人质,谈判才算成功。然而,随着实践的深入,专家们逐渐认识到,自己的角色更多是在缓解危机,而不一定能够直接解救人质。这种观念的转变使得危机谈判在现场能够更好地履行责任,发挥其应有的作用。

二、我国危机谈判发展情况

中国香港地区的危机谈判发展在国际上享有盛誉,其形成和发展与世界发达地区保持同步。香港警方在预防和应对危机中展现出了高度的专业化追求,通过不懈的努力,确保了其危机谈判水平在国际上的领先地位。

香港警察谈判组的成立可追溯至一起重大案(事)件——1974年发生的香港宝生银行劫案。在这次事件中,劫匪挟持了多名银行员工和顾客,并与警方发生了对峙。由于警方当时缺乏与劫匪进行有效谈判的经验,事件持续了一整天才得以解决。这次事件促使警方进行了深刻的反思和全面检讨。随后,在1975年,香港警方迅速成立了专门的谈判小组和特别任务连(俗称"飞虎队"),以专门应对可能发生的恐怖活动和类似宝生银行劫案这样的严重罪案。

在借鉴了世界各国的先进经验后,香港警务处成立了谈判组。经过一段时间的运作,他们意识到,真正需要应对恐怖袭击和重大劫持人质案件的机会并不多。香港的谈判组在机构成立之初,除了进行日常训练,参与实战的机会相对较少,这支专业队伍在现实中的作用尚未得到充分发挥。为了解决这一问题,香港警方根据本地警务工作的实际情况,及时调整了谈判组的工作范围。经过多年的探索和实践,他们将谈判组的职责明确为以下几类:①恐怖劫持事件;②劫持人质的刑事案件;③与警方对峙的刑事案件;④企图自杀案件;⑤家庭暴力事件;⑥精神病人危及自身生命和公众安全案件;⑦监狱暴动事件;⑧群体性闹事示威事件；⑨绑架敲诈勒索案件。

工作范围的调整使得香港警察谈判组参与实战的机会显著增加，积累了丰富的现场经验。谈判组的人员规模也在逐步扩大，成功处置危机事件的案例越来越多。在不断吸收国际警察危机谈判的先进理念和具体做法的基础上，香港警方广泛开展对口交流与合作，逐步形成了具有自身特色的一整套行之有效、简便易行、程序规范、运作合理的警察危机谈判机制。经过多年的探索和实践，谈判组与冲锋队、飞虎队的配合在危机事件处置中越来越默契。此外，谈判组还在相关领域推广谈判机制，如为惩教署培训谈判员，对内地危机谈判事业的发展起到了重要的推动和引领作用。

除了香港地区，中国内地的警务危机谈判仍处于初期发展阶段，但正迅速成长。面对公安实战的迫切需求，以及一系列沉痛的教训，内地警方的危机谈判能力得到了快速发展。这一事业需要全体警务人员的不懈努力，以及不同背景和思想的交流融合，尤其是在犯罪行为日益跨区域化和国际化的今天，跨地区合作的重要性愈发凸显。

尽管起步较晚，中国内地的危机谈判目前正处于快速发展期，全国范围内的发展水平参差不齐。一些地区已经建立了规范的危机谈判工作机制，有的已经成立了专门的谈判小组并开始执行危机谈判任务。然而，仍有很多地方还处于理念更新阶段。2004年7月，某地发生了一起人质事件，这起事件被视为中国警务危机谈判发展的转折点。公众开始质疑警方在处理此类事件时缺乏专业的谈判技巧，这促使全国范围内对危机谈判理念的迅速传播和重视。

某地人质事件

2004年7月7日，在某城市，20来岁的陈某由于生意失败、欠下大量债务，本欲抢点路费回老家，于是上了一辆家用轿车的副驾驶位，绑架了刚把女儿送去幼儿园的郭女士。这时，一辆出租车恰巧驶来，从车窗发现了车内的异常情况，一脚油门就把自己的车拦在了车前，并迅速拨打110报警。

该市公安局接警后迅速出动。尖叫的警笛声，荷枪实弹的警察，令人目眩的警灯，早已令劫持者惊恐万状。可能他也没有预料到，自己劫持一个人，只想弄一点钱花，会引来警方如此大的动作。

警方先后派出3个人上阵与劫匪进行谈判，但都没谈成。最后一次，也就是第四次，该市公安局局长兼副市长亲自与劫匪谈判，并通过窗户扔进去用塑料袋包裹的10万元人民币现金。劫匪看到10万元现金后，要求警方放他走，但遭到警方的拒绝。警方认为，对于劫匪，绝对不能放纵和姑息。

一时间，警方与劫匪形成了对峙的局面。警方不停地喊话，要求劫匪"放下武器，争取宽大处理"。期间，劫匪曾希望警方放自己一马，让他离开现场，但遭到警方的拒绝。劫匪被告知：除了放下武器投降，没有别的出路。

整个过程警方并未合理设置隔离带，大量群众近距离聚集围观，现场人山人海，围观群众多达几千人，最近的群众距离轿车不足3米。警方准备迅速靠近去毙陈某时,群众的议论"警方要动手了"都能被陈某听见。在警方的高压之下,再加上周围喧闹的人群,劫匪知道自己不可能带着现金走出警方的包围圈,情绪开始变得激动起来。

3个多小时后,陈某感到绝望,歇斯底里地喊叫起来:"我要一个换一个!"并开始朝人质郭女士猛刺,警方开枪。人质颈部被连刺7刀,送往医院途中死亡;劫持者陈某身中4枪,当场死亡。

事件结束以后,人质的家属感到异常的愤怒,他们认为是该市公安局处置不当,间接地杀死了自己的亲人。一时间舆论哗然,人们普遍怀疑该市警方的能力。该市公安局面临着巨大的压力。

在线答题

项目十一　心理干预与谈判基础

任务一　掌握国内劫持者心理特征

客舱非法干扰行为处置的关键是犯罪人,只有掌握了犯罪人的心理活动及其特点,才有可能准确预测其下一步的行动及反应,从而能够主动管理事故的发展而不是被动地应对事故。从既往的报告看,我国劫机者在以下心理特征上表现十分明显。

一、恐惧与勇气并存

报告显示,我国大多数劫机者在整个事件过程中都表现出极度的恐惧。这种恐惧表现为对安全感的严重缺失、对微小动作和言语的过度敏感、对他人缺乏信任以及对善意的拒绝,表现出以下普遍的行为模式:坚持要见机长、不断发出威胁(包括威胁伤害人质或引爆炸弹等)、拒绝任何人靠近(即便是没有攻击性的女性乘务员)、试图进入驾驶舱等。

坚持见机长和试图进入驾驶舱是劫机者由于缺乏安全感而感到恐惧的明显表现。在飞行中的封闭航空器内,劫机者的控制能力几乎被完全剥夺。这里所说的控制能力,是指对环境和航空器的控制能力。与地面劫持人质事件不同,劫机者在实施计划后,自己也置身于一个充满危险的环境中。实际上,与被迫的乘客相比,劫机者也被自己的行为所胁迫,因为他缺乏退出的途径,这与地面的劫持计划有显著区别。例如,在地面劫持中,劫持者可以秘密通知被胁迫者,为计划失败留有回旋余地(如杀害人质、逃离等)。而在空中的密闭航空器内,劫机者除了强迫计划成功外,并不能为计划失败准备像地面那样宽松的回旋空间,除非他愿意为此付出生命的代价。因此,空中劫持的犯罪成本极高,而潜在收益却远低于地面劫持。为了确保计划的成功,劫机者必须确保自己对整个环境的控制。在航空器中,最核心的不确定因素是驾驶舱和飞行员。劫机者自然会认为,如果能控制机长,无论是通过武力胁迫还是以杀害人质、引爆炸药威胁,都能迫使机长服从自己的犯罪意图。

机长和驾驶舱本身对劫机者而言,并没有直接的特殊价值,因为绝大多数劫机者并不具备操纵飞行器的能力。然而,它们在航空器内具有强烈的符号意义,象征着技术力量和权威。这种力量权威对劫机者构成了潜在的威胁,因为他无法像控制人质那样,通过简单的暴力来获得控制的满足感。相反,这种力量是他们无法征服的。这种巨大的恐惧感驱使劫机者试图接近或直接进入这种力量的核心,以间接控制它。

如果我们更深入地研究这种恐惧感,可以发现更多有益的启示。根据心理学的逻辑推理,这种恐惧实际上源于对死亡的恐惧。换句话说,在这类事件中,劫机者仍然遵循马斯洛的需求层次理论。如果劫机者无所畏惧，他们就不会采取胁迫手段，而是直接采取行动，例如杀害阻碍他们的人，或强行闯入驾驶舱。这正是空中危机处理的基础：满足劫机者最基本的需求，并在此基础上激发他们对更高层次心理需求的追求。我们还可以推断，劫机者的恐惧至少还包括对原有生活世界的恐惧和对劫机后果的恐惧。

从心理学角度来看，我国几乎所有以外逃为目的的劫机事件都有一个共同特点：劫机行为对劫机者来说具有很强的时间性意义。劫机事件不仅意味着他们过去生活世界的终结，也意味着一个未知的未来世界的开始。这与普通人在生活中经历的类似事件（如亲人去世、破产等）有显著不同，可以描述为彻底的终结和重生。因此，对劫机者来说，劫机事件本身就是一个重大的心理事件，是他们试图彻底摆脱过去并希望重新开始的渴望。这种恐惧往往会激发劫机者巨大的勇气，使他们在极端情况下超越基本需求的欲望。如果劫机计划失败，对劫机者来说，意味着在时间序列上的心理倒退，即重新回到他们试图摆脱的过去生活世界。因此，强行逆转劫机者的心理进程，可能会进一步激发他们的抵抗。

◆ 案 例

1977年，某航空公司乌鲁木齐—哈密航班，在飞行过程中，发生劫机事件。劫机犯张某登机时身上带有玩具手枪一把、体育教练手榴弹4枚、用红糖包装的假炸药一包，以及卵石、大螺丝刀、大扳手、各种地图、指北针、半导体收音机等物。飞机起飞后，张某对乘务员说："我是一个受迫害的人，手枪、手榴弹、炸药都带来了，你别害怕，让你们机组把我送到A城去，可以保证你们安全返回。"张某这一行为当场遭到了乘务员的严厉拒绝，并要张某交出武器。当乘务员向机组报告时，被张某抓住了双手，机组人员出手阻止，张某举起"手榴弹"进行威胁。机组人员立即进入驾驶舱，锁住舱门，从观察孔监视张某的活动，并及时报告了地面，决定在吐鲁番机场紧急降落。同时增大飞机的下滑率，制造颠簸，使张某坐立不稳，行动困难。当飞机在吐鲁番机场降落过程中，张某在距机场5千米处破窗跳机摔死。

案情分析：

在这个案例中，由于早期安检没有现在的严格，犯罪者携带了一系列犯罪工具，包括玩具手枪、假手榴弹、伪装成炸药的红糖、卵石、大型螺丝刀、扳手、地图、指南针和半导体收音机等，显示出其经过了精心准备和周密计划。尽管这些工具中缺乏实质性的威胁，多数为虚假或不具备实际攻击性的物品，如卵石，这反映出犯罪者可能试图通过虚张声势来达到其目的。

犯罪者声称自己是一名"受迫害的人"，并声称携带了手枪、手榴弹和炸药，但同时安抚机组人员不要害怕，并承诺他们的安全。这种温和的语气和情感表达，如"你别害怕"和"可以保证你们安全返回"，以及使用"受迫害"一词，既表明了犯罪者试图为其行为找到合理化的理由，也隐含了一种潜在的威胁，即他可能因受迫害而对社会进行报复。

犯罪者选择在飞机起飞后不久实施犯罪行为，显示出其急切希望迅速达到目的。然而,当乘务员拒绝了他的要求并要求交出武器时,犯罪者的反应是抓住乘务员的双手,并在机组人员出现时举起假手榴弹进行威胁。机组人员迅速进入驾驶舱并锁门,通过观察孔监视犯罪者的活动,并及时向地面报告情况,决定在吐鲁番机场紧急降落。在降落过程中,机组人员通过增大飞机的下降率制造颠簸,使犯罪者难以稳定行动。最终,在飞机降落过程中,犯罪者在距离机场5千米处破窗跳机,不幸身亡。

值得注意的是,尽管犯罪者在要求被拒绝后攻击了乘务员,但在机组人员锁闭驾驶舱门后,他并没有进一步的攻击行为。在面临惩罚和犯罪失败的压力下,犯罪者最终选择了极端的方式结束自己的生命。

二、脆弱与敏感

根据广泛的研究,包括亚太地区在内的劫机事件报告揭示了一个普遍现象:劫机者通常并不像人们所想象的那样强悍有力,而是大多数展现出性格上的敏感和体质上的文弱,以中青年男性为主。国内的报告同样指出,一些劫机者在行为过程中表现出了明显的脆弱人格特质,如情绪波动大、对机组人员的承诺持怀疑态度、自我怜悯、自暴自弃等。这些特征通常与以下行为相连:频繁查看手表和窗外、手部颤抖、以匿名方式发出威胁、声称不怕同归于尽、情绪易激动等。

情绪的易变性是劫机者人格脆弱的显著标志。这种情绪的不稳定性表明劫机者的精神状况极为不稳定,其认知、决策和自我调节能力都处于较低水平,难以对劫机行为的连续性和稳定性做出判断。他们可能会在同一时间或不同时间表现出多种相互矛盾的情绪,如愤怒、失望、悲伤、急躁和迷茫等。特别值得注意的是,这些情绪在劫机事件的中断阶段,如行动计划未能如愿以偿——无法到达预期的劫机目的地时,会集中表现出来。

脆弱的人格特质极具危险性,因为从劫机者不稳定的心理状态中很难预测其未来的行动。充满矛盾的情绪和心理动态使得劫机者的任何行为都有可能发生。自我否定、缺乏稳定感和情绪激动的状态使得劫机行为往往具有强烈的戏剧性。从心理学角度来看,从脆弱状态恢复到稳定的心理状态是一个充满挑战的心理自我调整过程。

案 例

在一次飞行任务中,安全员周某接到机长的指令,迅速接近了一名歹徒,开始了紧张的心理和策略较量。周某一边仔细观察歹徒的一举一动,一边与歹徒进行对话,试图通过政策教育来说服对方放弃劫机的企图。尽管歹徒蒋某态度强硬,要求安全员周某告诉机长:"把飞机飞往××,否则我就要采取措施。"并用手捂着口袋以增加威胁性。但周某并未被吓倒,继续与歹徒周旋,进行政策宣传教育。

在周某的不懈努力下,歹徒一度激动的情绪逐渐得到了安抚和控制。周某先后三次成功制止了歹徒想要离开座位的企图,并巧妙地将歹徒拉在一起用右手扒在其肩上,引诱其坐到客舱最后一排(22排)F和E座位上,还利用飞机要下降为由给歹徒系上安全带,隐蔽地拉下舷窗板,挡住歹徒的视线,并暗中在座位下准备一个铁水壶以防万一。

案情分析:

在此案例中,犯罪者发出的威胁未被安全员接受或采纳。安全员持续进行政策宣传教育,期间犯罪者一度表现出"相当激动"的情绪。然而,在安全员的安抚下,他的情绪逐渐平复。值得注意的是,犯罪者"三次企图离开座位"都被安全员巧妙制止,且在此过程中并未表现出情绪波动。安全员进一步采取策略,以亲和的姿态用右手轻拍犯罪者肩膀,引导其坐到客舱最后一排的F和E座位。接着,安全员利用飞机下降的机会,为犯罪者系上安全带,并隐蔽地拉下舷窗板,阻挡其视线。在整个过程中,犯罪者并未展示任何反抗的意图,而是完全服从了安全员的安排。

这一行为表明,在面对无效的对抗后,犯罪者迅速调整了自己的心理状态,表现出服从。这种快速的心理转变正是脆弱人格特质的体现。安全员的专业应对和犯罪者的服从行为,共同缓解了这一紧张局势。

案 例

在一次飞行途中,一名歹徒企图劫持飞机。他起初伪装成记者,向乘务员小张展示采访证,并提出要采访机组人员,要求拍照和打开驾驶舱门,均被乘务员小张以极缓和的口气回绝了,多次要其坐下。这样大约10分钟,突然,歹徒拉开上衣拿出一把刀子(长约9厘米、宽2.5厘米),露出绑在身上的炸药,用刀子对着乘务员小张说:"小姐,对不起,我身上有炸药,要飞机飞到××去,不开驾驶门,我就炸飞机。"

乘务员小张立刻紧张起来,但一直沉着应战,平静地回答:"你要干什么?希望你冷静一点,有事可以同我讲,还有这么多乘客,可以帮助你解决。你冷静坐下,我去给你倒杯水喝。"

歹徒看看表说:"你不要给我磨时间,我同公安机关有过节,公安机关正在追捕我,你马上给我电话叫驾驶舱开门。"乘务员小张一直劝说歹徒冷静下来,并解释:"门我打不开,门从外面是打不开的,我去打电话。"此时,小张想尽快把情况报告机长,趁歹徒目光注视客舱的机会,她迅速转到电话机旁,拿起电话向机长报告有劫机犯。乘务员小张在向机长报告后电话一直拿在手里,以便机组从电话中了解客舱情况。

当飞机下降高度时,客舱秩序开始混乱,有的旅客站起来,有的想同歹徒搏斗。乘务员小张考虑为了不使歹徒被激怒,示意旅客安定下来,她叫旅客系好安全带,由她同歹徒继续谈。

歹徒说:"飞机下降高度了。赶快打电话开驾驶舱门。"乘务员小张麻痹歹徒说："还没有,下降高度会告诉我的。"手里一直拿着话筒,一边说："看我不是一直在打电话吗,电话坏了,打不通。"以上对话实际上都传给了机组。这时歹徒看到自己的阴谋不能得逞,就穷凶极恶地用刀子向乘务员小张胸前刺去,小张一边避开,一边用手抓住歹徒的手,小张右手受伤,歹徒接着向乘务员小张的左腹部刺去,小张左腿受伤,跌倒在客舱地板上。

案情分析：

在这个案例中,当歹徒的欺骗策略未能奏效时,他被迫在长达10分钟的过程中改变策略。在采取暴力劫机行动后,歹徒的表述是："小姐,对不起,我身上有炸药,要求飞机飞往××,如果不开驾驶舱门,我就炸毁飞机。"

这里有两个关键点：一是歹徒使用了礼貌用语如"小姐"和"对不起"；二是在陈述其要求时,歹徒的语言表现出逻辑上的混乱——"要求飞机飞往××,如果不开驾驶舱门,我就炸毁飞机",这反映出他的紧张和焦虑情绪。

面对乘务员采取的拖延策略,歹徒的反应是查看手表并说："你不要拖延时间,我和公安机关有过节,他们正在追捕我,你立刻给我电话让驾驶舱开门。"在试图减轻自己的负罪感的同时,歹徒还提到了一个因果关系——公安机关正在追捕他。这些信息表明,在犯罪计划受挫和被乘务员欺骗后,歹徒表现出迷茫、焦虑、紧张和急躁等复杂情绪。当这些情绪未能得到及时的安抚,反而遭遇到乘务员的再次拒绝和欺骗时,歹徒终于失控,开始采取暴力攻击行为。

三、愤怒与鲁莽

在地面犯罪研究中,愤怒通常与不成熟的社会适应、情境认知的挑战等因素相关。然而,在劫持案件的背景下,愤怒更多地体现为一种攻击性的冲动、挫败感和对权力的象征性追求。从情绪表达的角度来看,客舱内的愤怒往往带有鲁莽和悲壮的色彩。这种愤怒可能源于屈辱的生活经历、自信心的缺失以及挫折感,这些负面情绪容易转化为对飞机和人质的暴力行为。这种行为不仅未能缓解劫持者的情绪,反而加剧了他们的挫败感,因为他们真正寻求的是一种象征性的胜利和控制感。对那些造成挫折或反抗的人造成伤害,会提高劫持者的情绪应激水平,导致他们感到更加沮丧。而这种沮丧感正是劫持者试图通过劫机事件来逃避或在情境中寻求自我控制的表现。

愤怒可能源自恐惧或脆弱,通常伴随着攻击性行为。这些情绪反映了不同特征的犯罪行为人在事件发展过程中的主导倾向,以及他们在不同阶段的情绪和心理状态的变化。

案 例

8514航班2501号飞机13:30自常州起飞,飞行高度8000米,预计15:06飞抵厦门机场。在14:50飞机已下降至4800米,距离厦门机场尚有75千米时,乘务员向旅客广播了预达厦门时间。

此时，坐在12排C位的歹徒张某手持一把尖刀（全长约25厘米），突然离开座位，冲向坐在第一排D位（通道右侧）的乘务长，将其紧紧抱住。乘务长以为是要流氓行为，一边惊呼，一边欲挣脱，脸部口鼻处被歹徒用尖刀划伤2处，左手肘部被刺伤约10厘米长。

坐在第二排C座（通道左侧）的安全员小何见状立即靠上并严厉责问："你想干什么？"歹徒即将乘务长摔倒在地，一手持刀一手从裤带里掏出一支手枪，对安全员叫喊："我要劫机，不准靠近我，再向前走就打死你，告诉前面把飞机飞到××机场。"小何一边将自己身体移到通道，堵住歹徒，防止其冲向驾驶舱，一边稳住歹徒说："有话好说嘛，你先不要冲动。"

歹徒感觉飞机正在下降，十分激动地大喊大叫："飞机再下降，就要降落厦门机场，赶快跟前面说，飞到××机场，不然我就打死你，然后再杀死这个空姐。"小何见歹徒十分猖狂，为稳定事态，对歹徒说："我们可以坐下来好好谈一谈，不要伤害机组和旅客，我们会尽量达到你的要求的。"歹徒再次狂叫："不要尽量，一定要到××机场，否则就杀死你，杀死她们两个空姐，叫你们机毁人亡。"

歹徒要小何坐下，小何便在二排B位坐下。此时，歹徒张某突然绕到小何的身后，把手枪放回裤兜，用左臂卡住小何的脖子，将刀架在其脖子上，要飞机飞往××机场，并威胁说，如果不答应，要先杀死小何，随后提出要进入驾驶舱。小何告诉他："你去作用不大，而且影响前舱飞行，也达不到你的目的。"小何想方设法拖延时间，最终脖子被刺伤3处。

案情分析：

在这个案例中，歹徒的攻击行为表现在几个方面：第一，当乘务长试图挣脱时，歹徒刺伤了乘务长；第二，安全员通过反复采用拖延策略，并使用否定性语言，比如"你去作用不大，而且影响前舱飞行，也达不到你的目的"。这种沟通方式增加了歹徒的挫折感，最终促使他采取了伤害行为。

通过安全员的策略性沟通，歹徒感受到了明显的挫败，这种情绪的积累最终导致了暴力行为的发生。这一系列事件展示了在紧张对峙中，语言和行为的微妙变化如何影响犯罪者的心理状态，并可能激化冲突。

案　例

驾驶舱内的吴某听到有敲门声，从机门观看动静，见是乘务员陶某在驾驶舱门前，以为有什么事，即开了驾驶舱门，两名歹徒随即强行将吴某拉出驾驶舱，反身锁闭驾驶舱门，接着挥动手枪、匕首，显示腰间爆炸物说："不许动，飞往××，140度，我有枪、匕首、炸药包。"

驾驶员（右座）吴某当即调出飞机被劫的二次雷达应答器编码（匆忙中将被劫持编码"75××"误按为"76××"），并向民航广州区域管制室报告其飞机被劫持了。歹徒发现后，即抢下机组成员的耳机，切断飞机与地面的联络。张犯强令机组"飞140度，左转，左转！"机组不予理睬，继续飞往广州。歹徒用早已准备好的塑料袋套住吴某的头,机长见状,对歹徒说:"他是领航员,套上他,我不会飞呀。"吴某暗地解开安全带,回头察看歹徒动静,拟寻制服时机,歹徒见状喊叫"你是不是要夺我的枪啊?"又将另一个塑料袋套住吴某的头。过了一会儿,机组成员自己将塑料袋取下。为了与敌周旋,机组称油量不足,可以飞往×港,但遭到歹徒拒绝。张犯说:"我算过了,可以飞得到,你们不老实,我有枪、匕首和炸药包,不去就同归于尽!"接着机长假意改飞××,暗地决定将飞机飞往×港。到××上空后,对歹徒谎称已到××。由于歹徒事先绘有劫机飞行草图,手中握有一个指北针,基本掌握应飞时间,发现飞行时间不对,当即扬言"没有过大海,时间不对。这是广州,不是××。如落地不是××,见不到××的人,我就要炸机。"再次用匕首胁迫机长朝××飞行,并多次动手将油门推至最大,致使飞机短时处于不正常飞行状态,飞机空速到了最大极限。飞机在×港上空盘旋一圈后,机组考虑油量不多,无法继续周旋,到××机场又恐歹徒炸机,为了乘客与飞机的安全,可利用相关法律处置,除歹徒得逞外,乘客、飞机不会受损,遂决定向东北方向飞行,出海飞向××。

案情分析:

在这个案例中,犯罪者的攻击行为相对有限,主要包括:①强行将吴某拉出驾驶舱;②抢下机组成员的耳机;③套住吴某的头;④又将另一个塑料袋套住吴某的头;⑤用匕首胁迫机长朝××行;⑥并多次动手将油门推至最大。这些行为表明,犯罪者的攻击性反应实际上是出于被动,他的目的并非直接故意造成伤害,而是作为对机组人员应对措施的一种反击,目的是重新获得控制权。同时,随着情况的发展,犯罪者的攻击行为呈现出加剧的趋势,在无法有效控制机组人员的情况下,犯罪者开始尝试接管飞机的控制权。

四、凤凰情结

"凤凰情结"这一心理特征比较多见于政治性、宗教性或理想主义的劫机恐怖分子或劫机行为人。这些人在实施劫机行为时,往往持有一种"必要时可以牺牲生命"的心态,这种心态被称为"凤凰情结"。这一术语源自埃及神话中凤凰浴火重生的故事,是犯罪心理学中的专有名词。这些犯罪分子明知自己的行为风险极高,但仍然不惧死亡。他们错误地认为,通过牺牲自己,可以引起全球的关注,并推动他们所追求的目标。例如,在某些历史事件中,一些极端分子为了实现政治目标,不惜采取劫持人质和飞机的极端行为,并最终通过自杀行为来吸引国际社会的关注。

具有凤凰情结的劫机者通常不会表现出前述的恐惧和脆弱心理特征。在劫机过程中,他们的情绪通常更加稳定,计划周密,行动意志坚定,并具备巨大的勇气。因此,他们常常处于一种持续的激情状态,不惧怕任何极端后果。

上述分析基于事故报告和调查记录,正如许多犯罪学研究一样,由于无法亲身经历事件或与当事人直接接触,对于更细微的问题,如行为人心理动态的详细跟踪,进行深入研究存在一定难度。

在线答题

任务二 分析危机谈判中的心理关系

一、当事人心理变化规律

根据美国、英国等危机谈判研究比较深入,应用比较广泛的国家和地区已取得的研究成果,以及我国实战案例的分析,发现谈判双方的心理状态会随着谈判进程的深入不断发生变化,呈现出一定规律。其中,当事人心理变化规律如图11-1所示,分为三个阶段。

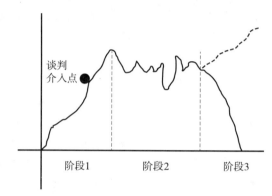

图11-1 谈判中劫持者心理变化规律曲线图

阶段1是指谈判介入前后,当事人的情绪往往急剧上升,可能会出现暴躁和攻击性行为。

阶段2是随着谈判的展开,双方进入一个深入的对话和交流阶段。在这一阶段,当事人的情绪逐渐稳定,但仍然会有波动,情绪状态时而顺畅,时而对立。

阶段3是谈判进展到一定阶段,劫持者的情绪得到较大程度的控制,开始出现警方所期望的行为改变。然而,这一阶段也是劫持者内心最为敏感和犹豫的时期,他们的情绪可能会急剧上升,导致局势难以控制。在这个阶段,事态的发展存在两种可能性:一方面,劫持者可能在心理上产生动摇,寻找机会以较为体面的方式结束对峙;另一方面,如果劫持者感到被逼无奈,抱着鱼死网破的态度,可能会采取极端行动,导致局势迅速恶化。因此,这个阶段要求警方必须极为谨慎,不能有任何的疏忽。

在危机事件的发展过程中,谈判双方的相对地位和心理优势并非固定不变,而是随着情况的进展而动态变化的。

如图11-2所示,在谈判介入之初的阶段1,在谈判初期,劫持者因暴力行为和激动的情绪,心理上占据了主动地位。尽管警方已经开始外围控制并与劫持者对话,但由于缺乏对事件全貌的了解,他们通常采取谨慎的态度,心理上处于被动,主要采取应对性的策略,难以实施有效的解救行动。阶段2,随着谈判的深入,劫持者的情绪得到宣泄,对谈判员的信任逐渐建立,谈判员在心理上由被动逐步转向主动,对现场的控制力也在增强。谈判员表面上通过提供选择或运用交流技巧,给予劫持者一种控制的错觉,实际上却在确保局势始终在谈判方的掌控之中,从而逐步提升自己在心理上的优势。在谈判取得阶段性成功的阶段3,劫持者开始动摇,表现出希望和平解决问题的意愿,此时现场的心理控制已基本落入谈判方之手。

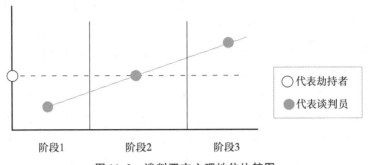

图 11-2　谈判双方心理地位比较图

谈判中,谈判组成员必须清楚地意识到劫持者处于心理变化的哪个阶段,以及彼此之间的关系发展到哪个程度,自己对现场心理控制的能力有多强;因为不同阶段我方应采取的对策和谈判的阶段性任务是不同的,如果不掌握这个规律,就难将谈判进程不断推进,并取得最后的成功。如图11-3所示,在谈判进展的不同阶段,相应的谈判策略如下。

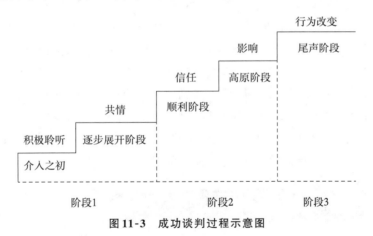

图 11-3　成功谈判过程示意图

在谈判的初始阶段,我们以积极倾听作为主要策略,旨在利用沟通技巧来构建有效的沟通桥梁;在谈判的逐步展开阶段,共情成为我们的核心策略,通过认同对方的感受来促进双方关系的和谐发展;进入顺利阶段,信任建设成为我们的策略重点,通过各种给予和接受的行为来展示我们的可信度和诚意;在高原阶段,我们转而采取影响对方思想和行为的策略;而在谈判的尾声阶段,随着当事人行为的积极转变,我们提供给对方一个"台阶",以促使其最终放弃对峙。

谈判团队需要对整个谈判过程中劫持者心理变化进行细致分析,并探讨在不同阶段应采取的适当具体策略。这要求我们不仅要对劫持者的心理状态有深刻理解,还要能够灵活运用各种谈判技巧,以确保谈判能够朝着和平解决的方向发展。

二、谈判介入之初劫持者心理状态

在劫持事件发生初期,谈判尚未正式启动,劫持者正处于情绪高涨的阶段,表现出极端和暴力的行为来发泄其激烈的情绪。与此同时,事件的相关人士,包括人质和旁观者,因劫持者的行为而感到恐慌,可能会表现出防御或反抗的态度,这反过来又可能激化劫持者的行为。在这一时期,劫持者对周围环境极其敏感、高度警觉,容易因周围人的反应而采取极端行动。由于缺乏有效的制约,现场可能会陷入混乱,劫持者完全受自己的情绪驱使,不断发泄内心的不满和紧张。

当警方初步到达现场并开始处置,如封锁现场、调整交通、控制人群,并尝试与劫持者进行沟通时,劫持者的心理开始出现变化。一方面,他们可能会感到迷茫和不知所措,特别是那些没有预谋的劫持者,他们对眼前发生的一切感到害怕;另一方面,他们在紧张地考虑如何控制局面以实现自己的目的,同时警觉地观察周围的情况,判断是否对自己构成威胁。随着警方控制现场,双方进入对峙状态,劫持者无法离开,而警方也因人质的安全而无法采取进一步行动,形成了一种暂时的平衡。

在这种对峙中,谈判员的介入对劫持者来说是一个警示信号,意味着他们的行为已经引起了警方的注意,警方需要通过对话来解决问题。同时,劫持者可能会担心警方正在采取其他措施对付他们,因此变得更加警惕。谈判员的介入可能会使对峙局面出现变化,劫持者的情绪可能会再次高涨,对任何可能的威胁都保持高度警惕,并以人质的安全作为威胁手段。他们对谈判员也持有极高的戒心,对警方缺乏信任。在这种情况下,控制劫持者的心理状态变得非常困难,劫持者在心理上占据优势,而谈判员则相对处于较弱的地位。

鉴于上述情况,在谈判介入之初,劫持者情绪激动、内心迷茫,对周围所有人都不信任,任何微小的刺激都可能导致人质受到伤害。为了防止情况恶化,警方首先需要稳定局面,即稳定劫持者的情绪。因此,谈判员的主要策略应包括:①稳定自己的情绪;②尽量与劫持者建立良好的第一印象,保持对话;③运用积极的倾听技巧,努力建立互信。

三、谈判顺利阶段劫持者心理变化分析

随着谈判的深入,劫持者逐渐适应了谈判员的存在,双方开始构建起一定程度的互信。在这一基础上,劫持者更愿意与谈判员进行对话,标志着谈判进入了更为顺畅的阶段。

在这一时期,劫持者的情绪相对稳定,能够更加理性地思考问题,并在对话中透露出自己行为背后的动机和内心的真实想法。然而,由于这一阶段可能会持续较长时间,劫持者的情绪可能会经历多次波动,对谈判员的言行可能会表现出高度敏感。有时,他们可能会因为过度关注自我而在一些细节问题上与谈判员产生对立,甚至故意制造难题,试图测试谈判员的真诚度。在这个阶段,谈判员的策略应包括如下几种。

(1) 进一步加深与劫持者之间的信任关系。

(2) 尽可能收集有关事件的详细信息,包括事件的起因和结果、劫持者与人质之间的

关系，以及劫持者的个人和家庭背景等。

（3）通过小幅度的让步来实现双方的交换，以此作为建立信任的手段。

（4）与劫持者就事件的起因和结果进行多角度的分析和讨论。

（5）在可能的情况下，提供实质性的帮助，以解决劫持者的困难。例如，如果劫持行为是由于雇主欠薪引起的，警方可以介入协调，帮助劫持者获得应得的报酬。

（6）积极肯定和鼓励劫持者的正面行为，如对给予人质关怀或在谈话中表现出的孝顺等品质表示赞赏。

（7）鼓励劫持者采取和平的方式解决问题，强调和平解决的积极结果。

四、谈判高原阶段劫持者心理变化

当劫持者提出具体要求，尤其是那些事先策划好的劫持行为，并围绕这些要求展开讨论时，谈判便进入了所谓的高原阶段。这是一个充满挑战的时期，双方的进展变得缓慢而艰难。

在这个阶段，劫持者内心经历着激烈的斗争，他们清楚自己可能面临不可逃避的责任，但内心深处仍存有一丝侥幸心理。尽管在之前的谈判中与谈判员建立了一定程度的信任，但当谈判触及问题的核心，如劫持者要求获得赎金、释放特定罪犯，或要求与媒体见面等，这些要求往往对解决危机有潜在的破坏性，警方难以轻易答应，因此谈判进入了一种僵持状态，劫持者对谈判员的敌意可能会重新加剧，他们对要求的坚持也变得更加强硬。

对警方来说，这个阶段的策略是停止进一步让步，转而采取坚持立场的策略。这可能是因为警方已经接近其底线，或者是作为一种策略，通过不让步来促使对方接受某些条件，迫使劫持者面对现实，感受到警方的重要性。如果劫持者需要警方的帮助，警方会要求他们做出相应的让步。在这一过程中，警方会不断地强调解决问题的困难，适时地使用沉默作为策略，以打破僵局，并在恰当的时刻做出策略性的让步。此外，警方会更加理智地从劫持者的角度出发，帮助他们分析整个局势的利弊。

五、谈判尾声阶段劫持者心理变化

在经历了高原阶段的紧张对峙和僵持之后，警方谈判员抓住恰当的时机，通过适度的让步和巧妙的施与转换，促使劫持者开始考虑放弃暴力行为，和平解决事件的机遇逐渐显现，这标志着谈判进入了尾声阶段。在这个阶段，劫持者的心理防线逐渐降低，表现出态度的软化，他们可能会反复询问自己的行为可能带来的法律后果，开始关注周围人对自己的看法，并寻求谈判员或其他重要人物的承诺，提出一些要求。这表明劫持者正处于犹豫不决的阶段，同时也在思考如何找到一个合适的方式结束对峙。

对于劫持者来说，否定自己之前公开采取的行动是一项艰巨的任务，他们需要一个较长的时间来在心理上克服这一障碍，并寻找一个合适的机会和可以接受的理由来结束自己的行为，这个过程被称为寻找"台阶"。因此，在尾声阶段，谈判员的重要任务是为劫持者提供这样的"台阶",帮助他们逐步放下心理防备,最终停止劫持行为。

尽管谈判员在尾声阶段已经可以看到和平解决的希望,但这并不意味着可以放松警惕。实际上,在实战中,这个阶段可能会持续较长时间,因为劫持者很可能会出现情绪的反复。谈判员需要不断地劝降劫持者,耐心地鼓励他们放弃劫持行为,强调采取正面行动的意义和好处,赞扬他们已经表现出的积极迹象,并在适当的时机给予对方"台阶"和支持,与劫持者商讨具体的和平解决安排。接收人质和劫持者的方案应由专门负责的战术响应单位制定,并通过谈判员与劫持者之间的沟通来确认接收的方式和过程,确保整个接收行动的顺利进行。

六、战术性谈判阶段劫持者心态变化

在战术性谈判阶段,避免谈判破裂始终是首要目标,但这并不意味着可以忽视谈判失败的可能性。自危机干预之初,事件指挥官便需制订详尽的行动计划,以应对谈判失败的情况,同时谈判团队亦应准备相应的应急策略。必须认识到,危机谈判是在充满不确定性的环境中进行的,微小的意外都可能导致局势的剧变。因此,应当明确,并非所有谈判都能成功说服对方投降,谈判的成功也不应仅限于劫持者放下武器。在某些情况下,若劫持者的要求无法实现,或其个性导致和平解决几乎不可能,且人质持续受到伤害甚至被杀害,而劫持者无意停止其伤害行为,谈判则需转向战术性谈判。此举旨在为可能的武力干预做好充分的准备和协调。在高原阶段,劫持者心中的敌意和不满可能不断膨胀,厌烦情绪充斥其内心,他们开始意识到警方不会屈服于他们的要求,感到被欺骗,开始变得失去控制,心理接近崩溃,行为开始失控,如伤害人质、不断发出威胁、对逃脱不再抱希望,转而进行绝望的挣扎。

在这种情况下,如果警方仍然希望通过语言沟通来帮助劫持者恢复理性,最终和平解决问题,可能已不现实。第一,时间紧迫,人质的安全正受到威胁;第二,劫持者已不愿意进行实质性的谈判,语言沟通难以有效控制和引导其心理状态。此时,谈判策略应转变为通过安慰和策略性的谎言来制止其暴力行为,对劫持者的要求做出策略性的让步,给对方一种印象,即警方因他的暴力行为而让步,然后按照既定的武力攻击计划,诱导劫持者至最有利于攻击的位置,由武力攻击单位执行。

在线答题

任务三　熟知客舱谈判基础知识

自1977年发生中华人民共和国成立后第一起民航劫机案件以来,由于受国际局势、国际恐怖主义犯罪形势以及国际恐怖主义犯罪转型的影响,我国民航安全形势出现了新的趋势,暴力犯罪有所增加,其中机上劫持人质的案件不断出现。这种案件性质严重、情况复杂、手段多样、社会负面影响很大,如果处理不当,则极易造成人质和乘客伤亡,给国家和个人带来无法弥补的损失。因此,应对机上恐怖主义的反劫持谈判的研究与设计就显得尤为重要。

以1977年民航劫机事故为起点计算,剔除发生在地面被机场挡获的劫机案件,至2023年12月31日,一共发生62起劫炸机案件,其中劫机事故58起,炸机事故4起,造成113人死亡,涉及26个航空公司。

案 例

1977年6月,新疆乌鲁木齐管理局一架安二型303号飞机,在执行乌鲁木齐至哈密的航班任务时被劫持。劫机犯张某,因政治问题被单位审查。张某为了逃亡境外,他带有玩具手枪、体育教练手榴弹、假炸药包以及大扳手、地图等物。购买机票登上民航的飞机,待起飞后,实施了劫机行为,被机组成功制止。这是新中国民航发生的第一起劫机事件。

一、我国极端航空犯罪行为特征

(一)犯罪人特征

1 犯罪人性别构成

62起案例中,涉及84名犯罪人,其中男性75人、女性9人,里面有5名女性犯罪人是与男性犯罪人共同作案。由此可见,男性为绝对多数,这也符合其他暴力犯罪中犯罪人以男性居多的普遍特征。

2 犯罪人年龄构成

犯罪人年龄跨度从19岁到52岁,集中分布在18—45岁的中青年,达到总人数的90%。在有确定的年龄数据的64名犯罪人中,处在青少年时期的犯罪人为21人,仅占总人数的32.8%,处在中壮年时期的犯罪人有43人,占总人数的67.2%。由此,我国劫持航空器犯罪的犯罪人以中壮年为主、青少年为次,全面分布于这两个时期。

3 犯罪人职业构成

犯罪者中,80人为无业人员或企业职工,工作不稳定、收入较低、普遍经济状况不佳。因此,工作不稳定、经济拮据或负债成为诱发劫机者劫机的一个重要因素。

4 犯罪人精神状况

依据上述案例的后续法院审理报告,其中,17例中的17名犯罪人有精神病史,占劫机总数的30%。精神病人实施的危害行为具有三个特点:其一,动机不明或者离奇;其二,危害行为往往极端残忍而且不符合常情;其三,作案往往无预谋与计划,常常是冲动性的,单独作案,缺乏自我保护。

（二）犯罪动机特征

依据国家航空安全保卫规划纲要，凡属政治性、宗教性、恐怖型以及造成重大人员财产伤亡的均为重大劫机事故，其余均为普通劫机事故。

非政治动机又可以进一步划分为牟利型、报复型、逃避型等。

❶ 牟利型

所谓牟利型，即以劫持航空器以实现牟利的目的。近些年来，又出现了牟利劫机的新情况，即利用航空器这一理想的封闭抢劫场所，劫持者控制飞机抢劫旅客财物后、携降落伞跳机逃亡。

❷ 报复型

所谓报复型，即以报复单位或个人为目的而进行的劫机。民航劫机中就出现过该种情况：某郭姓劫机者事后称因与单位有矛盾、工作不顺想报复领导而采取劫机行为。

❸ 逃避型

所谓逃避型，即主要以航空器作为一种交通工具，以实现劫机者逃离国边境的目的，而逃离的原因则主要归结为两方面：其一，劫机者因为违法犯罪行为而欲逃避司法机关的追究、逃避法律制裁；其二，劫机者背负较大债务甚至是巨额债务，欲逃避债权人的追讨。

在能明确动机的25例劫机中，有一起事故为明确的恐怖型劫机，其余24起中，以逃避（法律制裁或较大数额债务）为动机的有17例，占63％；无从判断其动机的精神病患者劫机17例，以期劫机出国改变经济状况的5例，其他动机2例，动机不详15例。

案 例

2008年3月某日，一架从A城飞往B城的航班在飞行途中，一名乘务员在卫生间附近闻到了异常气味。乘务员前往查看，发现一名年轻女子神色紧张。机组人员迅速将该女子控制，从她身上找到了一个装有易燃液体的容器。为了安全起见，飞机紧急降落在C机场，所幸没有造成任何机组和乘客的伤害。

事后查明，这名女子是从A城机场的商务贵宾安检通道进入候机厅并登机的。她当时随身携带了一瓶矿泉水和两罐易拉罐饮料。接受安检时，女子打开矿泉水喝了两口，安检员见她是年轻姑娘，放松警惕没有让她打开易拉罐。实际上，易拉罐里装的是汽油。为了掩盖汽油味，罐内还掺了香水。另外，该次航班上还有一名中年男人负责监视该女子的举动，其随后也被控制。

该事件被定性为一起有预谋、有组织的未遂恐怖活动。犯罪嫌疑人携带经过伪装、可致机毁人亡的破坏装置，骗过机场安检人员，登上飞机，实施恐怖破坏行为未遂。涉案人员已被警方逮捕。女子对其行为供认不讳。

（三）犯罪条件特征

犯罪条件，是指在犯罪情境中，有利于犯罪发生的各种因素，其主要包括有利于犯罪发生的时空因素、工具因素、被侵害物、被侵害人、社会控制疏漏等。我国民航劫机犯罪的犯罪条件方面的三个显著特征如下。

❶ 犯罪工具简陋性

在我国民航劫机案件中，犯罪人使用的工具大多为刀具及简易炸药（含伪装、谎称炸药），枪支偶有出现。其中，犯罪人使用的枪支多为枪支的仿制品，而刀具多为普通刀具甚至是剪刀，炸药则多为自制低性能炸药。除上述工具外，犯罪分子还使用汽油、雷管等易燃易爆物品完成劫机犯罪。

❷ 被害人特征

在民航劫机事件中，劫持者需通过某种方式明确表达其劫机意图，以便向驾驶员传达并实现对航空器的控制。这种表达方式通常包括直接语言沟通、通过具体行为示意，或两者的结合。那些直接面对劫持者并从其那里获知劫机信息，或受到劫持者威胁的人，统称为被侵害人。在这里，被害人的定义较为广泛，不仅包括那些生命健康受到直接威胁的人，如被劫持者暴力控制的个体，也包括那些仅受到口头或文字威胁的人，例如，被口头告知有关劫机的情况，或收到劫持者传递的写有劫机要求的字条。

在我国已知的案例中，被害人的身份主要集中在乘务员上。在有详细劫机过程记录的43起事件中，最先与劫持者接触并成为被害人的，有24起涉及乘务员，占比达到57%；涉及旅客的有4起；其他机组成员成为被害人的有10起；没有直接受害人的事件有4起；另外，还有2起事件的具体情况不详。

❸ 犯罪空间

所谓的犯罪空间，指的是存在犯罪行为发生的潜在场所，并不是指专门用于实施犯罪或主要为了制造犯罪机会的地方。

通过对43起有详尽记录的劫机案例进行分析，我们发现，每一起案件中都涉及驾驶舱门是否处于关闭状态的问题。在这些案例中，有16起劫机成功，其中10起是因为驾驶舱门未关闭，使得劫机者得以进入驾驶舱。此外，劫机犯罪还可能涉及的另一个封闭空间是飞机上的卫生间。数据显示，在7起案例中，劫机者是在从卫生间出来后立即宣布劫机的。劫机者可能会利用卫生间这一私密空间来进行最后的心理准备，或在其中伪装爆炸物、准备犯罪工具。甚至有的劫机者在进入卫生间后会将门锁上，随后以爆炸威胁的方式进行劫机。

（四）行为现场特征

❶ 持有、佯装或声称持有危险品

行为人可能实际持有，或伪装、声称持有如枪支、爆炸物、易燃液体、强腐蚀性物质等危险品。即便所持为伪造品，行为人在现场始终保持坚定的态度，不承认其为假。

❷ 提出具体勒索性要求

行为人会提出明确的政治、宗教或经济要求,或要求飞机飞往特定地点,或威胁要摧毁飞机。这些要求可能通过纸条、匿名电话或口头传达,部分行为人还尝试闯入驾驶舱或提出此类要求。

❸ 使用命令威胁式语言

在提出要求时,行为人常使用命令式的语气,并以人机安全为筹码,威胁若不满足要求将采取破坏性行动,通常这些要求会有时间限制。

❹ 设置安全距离

行为人会清除其周边的旅客和机组人员,禁止他们靠近,或在有人接近时发出威胁,甚至实施危害行为。即便未明确禁止接近,对于接近的人员也表现出极大的敌意,并可能伴有展示或操作危险装置的行为。

❺ 与航空服务无关,与旅客举止无关

极端航空犯罪行为往往是突然发生的,它们通常与航空公司的服务或旅客之间的互动无关。犯罪者一般不会将责任归咎于机组人员或机场服务的质量,也不会因为与其他旅客的争执或不满而采取行动。

反劫持谈判的起源可追溯至民航飞机上的劫持事件。最初,各国警方倾向于使用武力来制服犯罪群体,以显示力量。然而,随着人质事件的增多,人们开始意识到单靠武力解决问题的不足,转而寻求和平的解决方式。于是,一种包含局部妥协的处置策略应运而生——避免机组人员进行无效的反抗,待飞机降落后,由当地警方与劫持者协商解决危机的方案,即通过谈判。在民航劫持谈判现象中,双方通过直接对话,充分了解对方,并寻求通过协商达成共识,以可控条件为前提,解决人质危机。面对残酷的现实,各国政府和警方逐渐认识到,民航人质危机的谈判策略同样适用于其他领域,可以作为一种灵活应对的手段。

二、客舱谈判与一般谈判的区别

反劫持谈判,亦称为"反劫制暴战术谈判",涵盖了反对针对人员、场所乃至自我的劫持行为,以及制止劫持过程中的一切暴力行径,包括阻止伤害他人、自伤及破坏财物。这种谈判策略融合了人性化的感召、制造战术错觉和拖延时间三大要素。总体而言,反劫持谈判在行为目标、活动手法和控制特征上与其他类型的谈判有显著区别,展现了其独特的风格。它集中体现了警务应急、组织指挥、战术应用、个体应对和策略部署等一系列应急措施的整合,是现代警察机关在警事外交、文明执法和心理战术方面的高级技巧的展现。

采用谈判手段解决民航劫持人质危机,极大地降低了物资损耗和生命损失。据不完全统计,这类事件中人员生存率超过98%,飞机完好保存率达到100%。这样卓越的成效生动地向我们证实了一个铁的事实:无论何时何地发生劫持事件,采取谈判手段来缓解矛盾、防止危机升级都是首选策略。即便是在恐怖劫持犯罪中,为了争取时间和寻找解救人质的机会,也必须进行必要的谈判。

中国本土的反劫持谈判最早出现在20世纪90年代中后期。自那时以来,全国已经发生了多起各种规模的劫持犯罪案件。总体来看,这些案件在一些共性特征中展现出惊人的相似性。虽然反劫持谈判是警方致力于维护安全的一项重要工作,但与机上反劫持谈判相比,针对恐怖主义的机上反劫持谈判与地面反劫持谈判在条件、对象和环境上存在差异。

客舱谈判是一种在公共场合进行的警务危机谈判,通常是指在客舱内发生扰乱或非法干扰行为时,航空安全员介入并采用的一种谈判技巧。由于时空环境的特殊性,客舱谈判在许多方面与传统谈判乃至一般警务谈判有所不同。

第一,客舱谈判所面对的对象具有特殊性。客舱内的谈判对象通常只呈现出两种极端态度:要么满足其要求以确保所有人的安全,要么在要求未被满足时威胁所有人的安危。与常规警务谈判相比,客舱谈判中鲜有中间立场或妥协的余地。此外,客舱内挟持的人质数量往往较多,人质自救或逃脱的难度也相对较大。

第二,客舱谈判的环境具有独特性。客舱空间相对狭小,乘客众多,加之飞机的密闭性,导致空气质量和通风条件不佳。同时,由于飞机易受引爆的高风险特性,使得客舱谈判的危险性更为突出。相较于地面环境,客舱内的环境呈现出更高的单一性、危险性、密闭性和人员密集性等特征。

第三,客舱谈判的条件存在明显差异。与一般警务谈判不同,后者通常由分工明确、经过长期专业训练和磨合的4—5人团队组成,成员间配合默契。而客舱谈判往往需要临时组建团队,且人力资源紧张,通常只有一人负责谈判,其他人负责其他事务。此外,由于缺乏专业的隐秘通信设备,客舱内的沟通往往依赖于手势、唇语或暗号等较为原始的方式,这无疑影响了信息传递的准确性。另外,航空安全员所携带的装备,如警棍、匕首等,相较于地面警力所配备的枪械,在制止犯罪方面的能力有限,这增加了迅速制服犯罪者的难度,从而使得谈判的重要性和必要性更加凸显。

三、客舱谈判的重点

鉴于航空器的独特性质,客舱谈判主要集中在两个核心领域。

(一)人质劫持

在我国现有的案例中,劫持犯罪的形态多样,包括单个劫持者针对单个人质、单个劫持者针对多个人质,以及多个劫持者针对多个人质的情形。反劫持战术谈判的首要原则是,一旦出现"人质危机"现场,必须无条件将人质的生命安全置于最高优先级。无论出于何种原因,只要人质生命安全受到威胁,即视为反劫持行动的失败。

(二)航空器劫持

劫机者为了达到目的,可能会携带爆炸物进入航空器,并威胁要炸毁飞机以迫使航空安全员屈服于其要求。考虑到航空器的特殊性,任何爆炸事件都可能对国家、社会和公共安全心理造成不可逆转的巨大损害,因此,必须坚决防止民用航空器被劫持并发生爆炸的后果出现。基于这些重点,机上谈判也被称作"机上反劫持谈判"。

未来,客舱谈判与反恐斗争的关系将变得愈发紧密。反恐战术谈判不仅涉及社会政治、外交、安保、司法、新闻和民众等多个方面的职责和权益,更是由牵一发而动全身的社会利益关系所决定。由于复杂的政治因素、根深蒂固的社会问题、难以调和的民族及宗教矛盾,以及经济现象引发的集团间利益冲突,诸如大规模绑架、破坏性攻击、暗杀领导人、交通工具的破坏、飞机劫持等暴力犯罪行为时有发生。这些行为的策划者企图通过超常的暴力手段向政府施压,制造社会恐怖氛围,从而动摇公众的安全心理,影响执政者的统治意志。

自美国"9·11"事件以来,世界各地的恐怖犯罪活动,如爆炸、杀害人质、大规模劫持人质等愈发频繁,对全球经济发展、文化交流和人心安定造成了巨大破坏,已成为全球性的公害。在这些社会袭击中,通过谈判可以在一定程度上控制某些恐怖犯罪活动,降低其危害,解救部分人质。无论是普通刑事劫持、精神障碍者劫持,还是恐怖劫持,都可以通过具有方向性、功利性、控制性的反劫制暴战术谈判来解决危机,保障人质生命安全,安抚并强化社会公共安全心理,维护社会稳定。

专业化的反恐战术谈判和系统化的司法活动可以围绕解救人质这一核心目标,将反恐怖行动有效串联起来。反恐劫持谈判的高技能要求需要在普通劫持谈判的实践中不断提升。通过进一步精炼和深化当前谈判技巧,就可以使其更加适应不断变化的反恐形势。这样的提升将使谈判技巧成为反恐斗争中的一件锋利的武器。

四、机上谈判的特征

机上谈判的特征包括近距离谈判、单个谈判者全程负责的反劫持谈判、谈判采取原始性的直接对话等。

(一)近距离谈判

机上反劫持谈判因航空器环境的特殊性,与地面谈判有着显著区别,通常只能采取"近距离谈判"的方式。

在我国,随着警方逐渐认识到近距离谈判能有效控制现场局势,各地警方普遍采取了这种策略。在警方谈判者与劫持者直视相望的状态下,进行一场成功或者不成功的谈判,但无论结果如何,都没有一例是进行远距离谈判的。虽然在欧美和北美国家看来,这种谈判方式对谈判者的安全保障不足,但在中国却取得了显著成效,塑造了一批英勇的谈判者形象,他们的经验和技巧被广泛传播并载入史册。随着时间推移,这种自发性的近距离反劫持谈判已成为中国民航领域保护人质安全、控制劫持局势的一种基本风格。

(二)单个谈判者全程负责的反劫持谈判

尽管反劫持谈判团队的人数可能从3名到8名不等,但在航空器上,由于人力资源的限制,通常只有一名谈判者负责与劫持者进行沟通。除非遇到特殊情况(如谈判者突发疾病、劫持者对谈判者不认同或前期处置任务已完成等),否则不会轻易更换谈判者。成功的谈判实践表明,这种方式有助于谈判者与劫持者在稳定的心态下进行交流、相互适应,实现思想沟通,达到和谐应对,这是反劫持谈判成功的关键因素。此外,这名主导谈判者还承担着与后续攻击警力协同作战,完成现场控制的重要任务。

(三)谈判采取原始性的直接对话

在航空器上,由于受到环境和空间的限制,航空安全员所携带的警械包内物品非常有限,但面对飞机上的劫持事件,安全员必须迅速应对和处理。在这种紧急情况下,一种"徒手格斗式"的谈判方式应运而生。其主要特征是缺乏通信设备,尤其是缺乏高科技的配套设备来支持反劫持谈判,只能依赖"近前说话""面对面交流"和"正面情绪影响"来完成国外谈判者难以想象的谈判任务。

这种原始的对话式谈判,初看似乎显得有些鲁莽、个人英雄主义,甚至不顾警务成本。然而,这种反复出现、形成定局、构成风格的"原始性对话"状态,实际上与本民族的传统文化密切相关,它具有强大的生命力,并在历史上多次谱写了反劫持谈判的胜利凯歌。至今这种原始出效率、一般创奇迹的事实,仍令其他国家的反劫持谈判者感到困惑,被誉为"东方的神秘反劫持谈判文化"。

近距离谈判、单一谈判者、直接谈判这三个特点,共同构成了中国本土在机上反劫持谈判中与西方国家明显不同的特色,使其成为世界谈判体系中一个重要的分支。

五、我国反恐工作重点

我国的反恐工作要特别关注三大趋势。

(一)国内人口的跨区域流动增加了管理上的挑战

在历史上,由于城乡之间存在的"二元"分割以及人口流动受到的地域性限制,在传统社会结构中,恐怖主义犯罪往往呈现出明显的地域性特点。不同地区的犯罪行为在类型、性质,以及对社会造成的危害程度上都有所差异。对我国来说,由于受到历史、政治、文化、宗教等多重因素的影响,绝大多数恐怖活动犯罪以往都集中在我国某些特定区域,在其他地区较少发生。但从目前来看,我国恐怖活动犯罪在地域上的这种稳定性已经被打破,开始在地域上出现了向外扩散的趋势。

(二)国内的恐怖分子与国际恐怖势力存在串通

在地域层面,我国的恐怖活动呈现出与国际恐怖势力勾结的趋势。近年来,网络通信技术的迅猛发展,使得国内的恐怖组织和个人与中亚、西亚、南亚等地区的民族分裂势力之间的联系愈发紧密,与国际恐怖活动的犯罪组织串通也日益频繁。一些恐怖活动的组织成员甚至偷渡至境外,接受"军事化"的恐怖技能训练,并参与境外的恐怖活动以"练胆",随后潜回国内。他们利用宗教的外衣,招募、培养、训练组织成员,散布宗教极端思想和暴力恐怖主义思想,策划、指导组织成员实施一系列恐怖活动,发起所谓的"圣战"。这种在地域上的扩散化特征表明,我国恐怖活动的流动性正在增强,这无疑增加了打击和预防的难度。

为了有效应对这种地域上的扩散化趋势,我国未来在恐怖活动犯罪的防控上需采取全国联动加国际合作的新策略。

(三)我国恐怖犯罪活动呈现主体多元化趋势

以往,我国的恐怖活动犯罪主体多为成年男性,而从近几年发生的恐怖活动犯罪案件来看,出现了向未成年人和女性发展渗透的趋势。这一现象要求我国在反恐工作中更新思路,认识到恐怖分子构成的多样性和复杂性。同时,还需要努力减少反恐行动可能引发的民族敌意和仇恨情绪的代际传播等负面后果。

因此,我国未来在防控恐怖活动犯罪时,必须重视恐怖分子主体多元化的特点,实施更为精准的预防和控制措施。这包括对涉恐人员进行有效的教育和行为矫正,特别是对妇女和儿童群体,要采取更为细致和适宜的教育及矫正方法,以确保有效预防和减少恐怖活动的滋生和蔓延。

问答题

谈谈客舱谈判与一般谈判的区别。

在线答题

项目十二 劫机事件沟通策略

任务一 识别客舱劫持犯罪行为类型

本项目所指的行为人,是指在民航劫持犯罪事件中执行劫持行为的嫌疑人。各类行为人的劫持动机和心理状态各具差异。动机和需求是推动个体行动的根本动力。心理学视角认为,个体在供需不平衡或失衡时,便会产生特定的动机和需求,进而采取行动以获取所需,满足内心期望,实现个体追求的平衡。

因此,在预防或干预个体的特定行为之前,民航工作人员的首要任务是深入了解与明确劫持者的动机和需求,并运用恰当的策略来应对劫持者不切实际的期望。通过逐步调整劫持者的期望值,调整其诉求范围,可以有效提升和平解决问题的可能性。考虑到不同劫持者可能受到生活环境、教育水平、政治立场等不同因素的影响,每个案件中劫持者的动机和需求也会有所区别。

一、按动机需求类型分类

(一)宗教性、政治性劫持行为

在此类客舱劫持犯罪案件中,行为人,即劫持者,通常具有清晰的目标、严密的组织性和详尽的计划。劫持者装备精良,往往受到反动或恐怖组织的远程操控,表现出反人类和反社会的倾向和特征。

案例

"9·11"惊天劫机案

2001年9月11日,是全世界人民震惊和悲痛的日子。19名劫机者几乎同时分别搭乘美国飞往各地的民用航空飞机,这4架客机分别从波士顿、纽瓦克和华盛顿特区(华盛顿杜勒斯国际机场)飞往旧金山和洛杉矶,并在美国上空将飞行的4架民航客机劫持。在劫机过程中,劫机者使用武器刺伤或杀害飞行员、空中乘务员和乘客。劫机者故意使其中2架飞机分别冲撞纽约世界贸易中心双塔,造成飞机上的所有人和在建筑物中的许多人死亡。2座建筑均在2小时内倒塌,并导致临近的其他建筑被摧毁或损坏。另外,劫机者亦迫使第三架飞机撞向位于弗吉尼亚州阿灵顿县的五角大楼,此袭击地点临近华盛顿特区。在劫机者控制第四架飞机飞向华盛顿特区后,部分乘客和机组人员试图夺回飞机控制权。最终第四架飞机于宾夕法尼亚州索美塞特县的乡村尚克斯维尔附近坠毁。

在"9·11"事件中共有2998人遇难,其中2974人被官方证实死亡,另外还有24人下落不明。遇难人员名单中包括4架飞机上的全部乘客共246人,世贸中心2603人,五角大楼125人,此外还有411名救援人员在此次事件中殉职。

同样地,2002年11月17日的深夜,以色列航空公司的一架航班,编号为581,当它从特拉维夫飞往土耳其伊斯坦布尔的途中,遭遇了劫持。劫机者是一名23岁的年轻男子,企图模仿"9·11"事件中的自杀式劫机,使飞机撞击特拉维夫的一处公共建筑。该名男子手持刀具,企图强行进入驾驶舱,但最终被机上的安全警卫和乘客成功制服。

(二) 经济性劫持行为

经济性劫持行为,即行为人劫机以获取财物,在民航劫持犯罪案例中属于较为普遍的一种类型。这一类劫持者通常具备较强的反侦查能力、目标明确、计划周全,且往往既贪婪又惜命。

1970年6月,美国环球航空公司的一架波音727飞机在从菲尼克斯起飞后不久即遭劫持,劫机者要求10万美金的赎金,这标志着以经济利益为目的的劫持行为的开端。1974年3月,日本航空公司的一架飞机遭遇劫持,劫机者要求5500万美金和2亿日元的赎金,创下了当时经济型劫持行为赎金的最高纪录。到了1983年1月,泰国航空公司的一架班机被3名劫机者劫持,他们索要了12000美元的赎金。

除此之外,经济型劫持行为中还包含了一些因经济纠纷而被迫采取劫机手段的案例。

轮椅藏炸药,哥伦比亚父子劫机

2005年9月12日,哥伦比亚艾利斯航空公司一架冲-8型(Dash-8)螺旋桨小型客机从弗洛伦西亚起飞后遭劫持,劫机者是现年43岁路易斯·拉米雷斯与23岁的儿子林森。他们声称携有手榴弹等爆炸装置。劫机者利用飞机的无线电设备与机场空中交通管制塔取得联络,要求与人权组织代表、1名牧师与总检察长办公室的1名代表谈判。飞机降落在哥伦比亚首都圣菲波哥大一个军用机场。

1个小时后,5名机组人员、1名牧师、哥伦比亚政府以及人权组织代表应2名劫机者的要求登上飞机,在飞机前部与劫机者展开对话。乘客被转移到飞机后部。4个多小时后,包括1名哥伦比亚国会议员在内的20名乘客安全获释。

警方表示,在经过数小时紧张谈判后,2名劫机者于当地时间下午5点15分左右走出飞机,向政府投降,并登上一辆消防车离开机场。据悉,劫机者的主要目的是要求政府对他们所受到的不公正判决进行赔偿。

资料来源 https://news.sina.com.cn/w/2005-09-14/08016939494s.shtml

(三)拘捕型劫持行为

为了避免法律的惩罚和制裁,一些不愿轻易屈服的劫持者可能决定冒险,通过劫持民用航空器来寻求逃脱。在这种情况下,行为人常常发现自己处于孤立无援、处于下风的境地,情绪可能变得不稳定,精神上也极度紧绷。

贪污员工劫机潜逃

1993年10月,某厂员工王某华涉嫌贪污8万元并有重大盗窃嫌疑被当地有关部门侦查。为逃避侦查,王某华在对多个机场踩点后,最终决定将A市机场作为劫机外逃的通关之处。11月18日,王某华携带事先准备好的伪造爆炸装置于13时3分乘坐由A市机场起飞至B市的航班。13时50分许,王某华向乘务长显示其所带装置,声称带有炸弹,迫使机组改变航线飞往C市。14时45分,飞机被劫持到C市机场。

(四)报复型劫持行为

这些劫持事件往往与人们之间的争执、债务纠纷,或是那些长期利益诉求未得到妥善解决的个体(即劫持者)有关。这些劫持者常常表现出偏激和情绪激动的特征。长期的负面情绪积累、生活中的挫折感、感情上的失意等因素,可能导致劫持者对个人、团体、组织或某些部门产生敌意和报复的欲望,最终触发劫持行为的发生。

1993年6月,张某把塑胶手枪、弹簧刀等作案工具伪装后混进了当地一个机场,登上了一架某航空公司的航班,从当地飞往某机场。本次航班共计搭载了63名乘客,另外还有9名机组人员。

在飞机开始下降,准备降落在某机场时,张某突然从座位上跳起来,手持弹簧刀挟持乘务长,要求转飞其他目的地A市。在挣扎中,乘务长的面部和左手肘部被张某用刀刺伤。随后,张某又掏出假手枪威胁安全员,为了确保飞机和旅客安全,根据飞机当时的油量以及天气情况,飞机选择飞往A市。

下午3时31分,客机安全降落在A市机场。此后,当地的司法机关以强暴胁迫劫持航空器罪判处张某有期徒刑9年。

到底是什么原因促使张某走上了违法犯罪的道路?1989年,张某被安排在某市机械局冶金工业供销公司办公室任副主任。刚到冶金工业供销公司那阵子,公司在一个废旧的仓库里用板为他隔了一间仅够铺下一张床的地方。1990年底,张某第一次向机械局领导提出解决住房问题,他对局长说:"我已经27岁了,对象谈成了,要结婚没有地方,请局长帮助解决结婚用房。"得到的答复是:"单位无法解决。"一晃又是2年。1992年,张某已经29岁,住房问题仍没解决。1993年4月,百无聊赖的张某坐在电视机前。一则新闻进入了他耳朵:有2名歹徒劫持飞机。当天晚上,张某在床上翻来覆去地睡不着觉,联想到自己想结婚却没有住房,思路渐渐地模糊了,头脑失去了理智:我要劫机去A市,获得更好的发展,享受荣华富贵。

资料来源 https://baijiahao.baidu.com/s?id=17172691762210006674&wfr=spider&for=pc

(五)无目的型劫持行为

无目的型劫持行为,此类案件通常发生在严重精神病患者、醉酒闹事者中。其表现为劫机动机不确定,行为较为古怪,不具有正常的思维,作案随意性较大。

例如,2014年2月7日,载有准备前往参加2014年冬季奥林匹克运动会人员的飞马航空公司751号班机遭到一名乌克兰乘客劫持,之后他声称自己拥有炸弹并且要求飞机飞往举办冬季奥林匹克运动会的索契。这架飞机原本计划从乌克兰卡尔可夫出发,并且预计之后将抵达土耳其的伊斯坦布尔。飞行员降低飞行高度、关闭显示屏幕,并且选择继续飞往萨比哈·格克琴国际机场,之后土耳其派遣2架F-16战隼战斗机护航至伊斯坦布尔。在抵达土耳其后,当地警方逮捕了该名要求前往索契的严重醉酒男子。

案 例

突发精神病,持钢笔劫机

2018年4月15日,CA1350长沙—北京航班发生机上一名男性旅客挟持乘务员事件。

9点36分,一名坐在经济舱前排的乘客突然听到,从头等舱的方向传来了一个男人激动的说话声。头等舱内有一名中年男子正拿着什么东西挟持着一名空姐,后确认为是乘务长,他左臂紧紧勒着乘务长的脖子,右手拿着钢笔抵在她的颈动脉上,背靠着头等舱盥洗室的大门,嘴里不停在念叨着什么。由于头等舱内几乎没有几名乘客,所以事情并没有引发过大的骚乱。在驾驶人员得知此事之后,机长在9点38分时向地面空管人员发出了代号为"7500"的求救代码,机组按处置程序备降郑州新郑机场。

在飞机停稳之后,经济舱的空姐悄悄打开了安全通道。几名全副武装的武警和几名便衣警察登上了飞机,空姐们也开始迅速疏散乘客。此时便衣警察已经进入头等舱和劫机男子进行周旋,为乘客撤离拖延时间。10点50分时,在确认乘客都撤离飞机之后,便衣警察开始尝试与劫机男子沟通。但是他的情绪非常激动,不停挥舞着手中的钢笔说:"你们和我保持5米远,后面的人都离开这。"随后双方便僵持起来,而被劫持的乘务长经验非常丰富,她从始至终都保持着非常淡定的神情，并且完全配合劫机男子的要求，丝毫不做任何刺激他的举动。在双方僵持了1个小时之后，劫机男子因体力不支而蹲坐在机头配餐区的餐车收纳处旁边。而乘务长的经验非常丰富，她深知劫机男子的体力即将到极限，警方随时会对其进行抓捕，为了方便警方抓人，她特意向餐车的方向挪了一点位置，方便警方在冲上来时不被自己的位置阻挡住。双方一直僵持到下午1点，3名便衣警察和一名武警看准劫机男子因疲劳而分神的空当，4人合力从2个方向同时发动突袭，一举将其制服。

这场历时3个多小时的劫机事件终于有惊无险地结束了。下午1点17分，该事件已成功处置，机上旅客及机组人员安全。经初步调查，犯罪嫌疑人徐某（男，41岁，有精神病史）乘坐该航班飞往北京途中，因突发精神疾病，手持钢笔挟持一位乘务人员。

资料来源 https://baijiahao.baidu.com/s?id=17293277733666680338&wfr=spider&for=pc

二、按有无犯罪意图分类

民航劫持犯罪案件根据事先有无犯罪意图，可以划分为以下两类。

（一）预谋性劫持行为

预谋性民航劫持犯罪是指行为人在事先经过深思熟虑和充分准备，已经形成了明确的劫持动机和目的，在条件成熟时，对特定目标实施劫持。例如，恐怖型劫持者、经济型劫持者、逃避拘捕型劫持者以及报复型劫持者，他们都会事先进行详尽的预谋、安排和计划，包括踩点，对劫持的时间、航班、机型、工具、行为方式，以及可能遇到的困难和结果都进行周密的准备。

（二）突发性劫持行为

突发性民航劫持犯罪是指行为人在没有预谋、准备或特定目标的情况下，因一时冲动而临时决定劫持民用航空器的行为。例如，醉酒者或精神疾病患者的劫持行为通常属于突发性劫持行为。

例如，2008年10月24日，一架波音737客机在从黑海度假胜地索契飞往莫斯科的途中，遭遇了一名男乘客声称劫机的事件。该航班载有130名俄罗斯乘客。男子突然起身，声称飞机被劫持，并要求飞机改飞至奥地利维也纳，否则威胁要炸毁飞机。尽管局势一度混乱，但这名男子很快被机组人员和乘客合力制服。飞机最终在莫斯科伏努科沃机场安全着陆，仅比预计时间晚了半小时。机场安全员将该名男子带离飞机，并确认所有乘客均已安全疏散，无人受伤。最初，警方怀疑这名醉酒的男子只是酒后闹事，但后续资料显示，这名30多岁的男子有精神病史。

三、按犯罪性质分类

民航劫持犯罪案件根据劫持犯罪性质的不同,可以划分为以下两类。

(一)普通刑事劫持案件

普通刑事劫持案件涉及行为人公然劫持民用航空器或民航设施,并使用暴力、威胁或其他手段限制机上乘客、机组人员或民航工作人员的自由。行为人通常以生命安全、身体伤害或持续扣押为威胁,迫使第三方或被控制者本人满足其特定要求。目前,大多数已知的民航劫持案件属于这一类别。

(二)国际恐怖性劫持案件

国际恐怖性劫持案件则指由恐怖组织策划并执行的行动,其目的在于散播恐慌,实现其反人类、反社会的非法目标,如"9·11"劫机事件等。

四、其他分类

(一)工具性劫机犯罪

在工具性劫机犯罪中,犯罪行为人的目标是明确的,即获取物质利益。例如,劫持飞机上的乘客,索要赎金和交通工具。

案 例

全球尚未结案的劫机事件之一

时间回到1971年11月24日,这一天正是感恩节的前夕,位于俄勒冈州波特兰市的美国西北航空公司,来了一位名叫丹·库珀的中年男子。他走到了柜台前,从容不迫地购买了一张飞往西雅图的单程机票。而他所乘坐的飞机在当天下午就可以正常起飞了。这架航班上共有30多名乘客,以及6名乘务人员。库珀顺利登机,几乎任何人都没有发现他的异常。他坐在飞机上好一会,便叫来了空姐并塞给他一张纸条。

空姐弗洛伦对递纸条这一类事几乎司空见惯,她习以为常地认为这是乘客们惯用的骚扰行为。正当她打算将这一张纸条放进口袋,再找机会处理掉的时候,那名男性乘客低沉的声音却传来:小姐,我建议您最好看一下。而说话的这个男人便是库珀。空姐弗洛伦斯便打开看了看,上面用打印的字母写道:"我的手提箱里有一枚炸弹。如果必要的话,我会用到它。这架飞机已经被我劫持了。"

空姐看完后不敢擅作主张,便去和机长沟通。机长看过后也不敢怠慢,便要求空姐重新返回库珀的座位。空姐低声要求库珀给自己看一眼炸弹,库珀则冷静地打开了自己一直抱着的手提箱子。箱子里面整齐地放着6根红色的圆柱体,末端绑着电线,旁边是一个圆柱形的电池,毫无疑问,如果这个东西爆炸,那么飞机肯定会像礼花一样在空中绽开。库珀接着就合上了手提箱并提出了自己的条件:"17:00前拿到20万美元,现金,没有任何标记,放在一个背包里。"同时,他还提出还需要2个降落伞、2个备份伞,并声称:"如果有人想要耍花招,就会引爆炸弹。"

20万美元是一笔数目不小的钱,光这笔钱就重9千克。机长威廉姆斯科特无奈之下只能报警,西北航空公司总经理唐纳德知道这个消息之后,决定满足库珀的条件,准备好了20万美元。警方虽然并不想放过这个劫机犯,但不得不考虑全机人质的安全,只好同意劫匪的要求。警员们出于人质安全考虑,不敢做其他手脚。但警方们争分夺秒地拍下了每张美元的照片,希望以后可以根据钱的钞号来查到蛛丝马迹。而随着飞机降落在了西雅图机场,库珀遵守了之前所做出的约定,允许35名乘客和一名空姐下飞机,飞机上留下了4名机组人员。

FBI人员则将库珀所需要的物资放在了一个帆布包里,丢进了飞机舱内。在加满油之后,飞机重新起飞,19:46,这架飞机又重新飞上了天空。随着飞机重新起飞,20:00,机长看见仪表盘上的警告灯亮起,显示登机门被打开,传来了震耳欲聋的发动机声音。22:15,这架飞机安全降落在了里诺机场,机组人员安全地走出驾驶舱,他们的噩梦总算结束了,但库珀也已经消失得无影无踪了。

警方不可能放过库珀,他们沿着飞机的航线一遍又一遍地搜查,却始终没有找到库珀的踪迹。一些人认为库珀摔死了,甚至后来有他在森林中被野兽吃了等一系列传闻。同时,这起劫机案成为全球迄今为止唯一没有结案的劫机事件。而后来警方调查还发现丹·库珀的身份是其伪造的,其真实身份至今仍是一个谜。

(二)表现性劫机犯罪

在表现性劫机犯罪中,行为人通常觉得对自己的生活缺乏控制力,希望自己可以变得重要,他们相信媒体对他们的报道可以帮助他们完成这个目标。但是,从另一个角度来看,这种表现性犯罪行为是没有任何意义的,甚至是自杀性的。

案 例

日本空中第一劫案-全日空61号劫机事件

1999年7月23日,日本全日空一架载有503名乘客的波音747-481D飞机被一名为西泽裕司的男子劫持。在命令机长将飞机飞往横田基地又要求自行驾驶被拒绝后,劫机者将机长刺杀。随后劫机者被机组成员制服,飞机返航羽田机场。

而发生这起劫机的缘由是，西泽裕司是一名深度航空爱好者，一直以来的梦想就是进入航空业，他的目标是：成为一名真正的飞机机长。但是他的热情和努力却没有得到回报，没有一家航空公司录用他。

某天，他在家阅读书籍的时候无意间看到了一张羽田机场航站楼的平面图，看着看着他突然发现航站楼存在一个巨大的安全漏洞，因为西泽裕司之前在这里做过搬运工，所以他知道存在一个内部通道可以避开安检直接进入登机口。这个发现让西泽裕司欣喜若狂，如果这个漏洞存在，那么自己把这个发现告诉航空公司，说不定可以得到一份工作机会。为了验证自己的想法，西泽裕司买了2张机票前往机场，结果发现真的成功避开了安检。于是他立即将自己的发现整理成了一份详细的报告并附上了解决办法，分别寄给了日本交通部、东京航空事务所，以及羽田机场管理方——日本机场大厦株式会社，希望可以引起对方重视。在收到报告后，羽田机场专门召开了一次安全会议讨论这个问题，但他们发现如果解决这个问题需要增设警卫并修建专门的设施，而单单设施这项，机场就要每年花费100万日元的支出。于是，机场并没有解决这个安全问题，这件事最终不了了之。

西泽裕司曾数次拨打航空公司电话，但对方总是回复着"谢谢，您的意见我们已经收到"这样敷衍的话语，当他询问自己是否可以进入航空业发展时，对方以"编满"为由一口回绝，甚至连西泽裕司辛苦整理报告的调查费也不愿支付。这让西泽裕司非常气愤而绝望，梦想彻底破灭的他产生了一个邪恶而疯狂的计划：劫持并驾驶一架飞机从日本东京湾的彩虹大桥底部飞过。

资料来源 https://www.xiaohongshu.com/discovery/item/62cfab34000000002103b57b

问答题

在线答题

民航劫持犯罪行为人的动机有哪些方面？

任务二　陈述客舱危情沟通总体策略

机上谈判本身是一个循序渐进的过程，其中各个环节、方面、侧重点都存在着很大的不同，谈判现场的航空安全员要注意节点，把握其关键要点，发现、创造、利用谈判过程中的有利时机，努力使客舱复杂的对抗活动变得相对简单化、快捷化、有效化。从中外谈判案例中看，客舱危情沟通谈判可以相应地划分成四个相互联系的阶段：谈判启动阶段、实质性谈判阶段、履行承诺阶段、探讨出路阶段。

一、谈判启动阶段

客舱谈判或反劫持谈判中的心理接触是指谈判暂时不触及实质性问题,只在表面进行与劫持者的一般性的心理沟通,通过情感的交流来达到了解情况、稳定情绪、找到突破口、形成彼此交往的一种状态。

虽然心理接触看似没有直接解决大问题,也不具有实质性的作用,甚至可能只是表面的交流,但它实际上是对谈判者适应能力、沟通对路与否以及能否迅速找到共同点的一种重要测试。如果这一阶段处理不当,不仅会直接影响后续的谈判进程,还会使接下来的谈判缺乏必要的基础,给整个反劫持谈判带来不利影响。

谈判者的社交经验、处理人际关系的技巧、心理承受能力、应变能力以及敏锐的观察力等个人素质,都会在心理接触阶段得到直接检验。这一阶段是为后续谈判打下坚实基础的关键。反劫持谈判中心理接触的操作步骤如下。

(一)心理接触

通常情况下,当劫持者注意到有人从容不迫地朝他们走去时,他们往往会要求对方停止前进,并可能会严厉地提出一连串问题。例如:

"你是谁呀?你是干什么的?你做得了主吗?你说话管用吗?"

在这种情况下,谈判者需要采取以下行动。

① 说明来意

谈判者率先在前面招呼语的基础上,再进一步向劫持者说明自己的真实来意,让劫持者的恐惧情绪安定下来。例如:

"知道你肯定遇到了难事,谁还没有个心急上火的时候,是吧!没关系,你愿不愿意说说看,到底是发生了什么事情,我可以帮你一起想办法,如果你暂时不愿意说也没关系,我在这儿陪着你,等你想说了告诉我,行吗?"

"兄弟,你别激动,我知道你肯定是遇到难事儿了,不然不会走到这一步(不然谁会愿意走这一步),你愿意跟我说说到底发生了什么,或者你需要我做什么吗?我一定尽全力来帮助你。"

② 问清原因

谈判者接着要用直接的话语问清劫持的原因。例如:

"你到底碰到了什么难事?因为什么缘故?问题出在哪里?你现在是怎么

想的?通过现在这种行为(注:不能说出"劫持"二字)要达到什么目的?这个人(注:指人质)和你是什么关系?他怎么招惹你了?你和他说过话吗?"

❸ 了解基本信息

谈判者要弄清的事情,包括但不限于:劫持者是哪里人,什么时候来到本地,或者是当地哪里的居民,在这里住的时间有多长了,平时都从事一些什么工作,现在需不需要来一点食品与饮水,还需要其他一些什么帮助……以此拉近与劫持者的心理距离。

❹ 安抚劫持者情绪

谈判者要用简短的话语来安抚劫持者已经十分浮躁的情绪,并告诉他:

"我已知道事情的来龙去脉了,事情不大、问题也不大,就是要用一点时间来解决,我是专门解决这一类问题的人。既然机长让我来解决你的困难,我就一定要照顾到你的需要,根据你的实际情况把事情办好,你看这样可以吗?"

自报家门的对话方式是要在弄清劫持者的基本情况,特别是要把握住劫持者的现场心态,可能要做出什么事情,劫持者的主要危害来自哪里等方面下功夫。在进行这种最初的对话时,谈判者一定要做到语言利落、说话或问话清晰,不可拖泥带水,要形成一种轻松的谈话氛围。

(二)心理接触的方式

概括而言,谈判者在心理接触中运用的技巧主要包括询问、提示、理解、分析四种方式。每一种方式都具有独特的、不可替代的作用,在具体的沟通过程中都能有效地促进心理接触,实现建立情感联系、及时疏导情绪、解决难题、激发共鸣等多重目标。

❶ 询问

谈判者应明确认识到,询问是谈判双方进行心理接触的初步阶段,它既可以推动对话向更深层次发展,也可以维持最基本的相互沟通。从心理学角度来看,当个体面临困境时,如果有人能以关怀的态度主动接触,不论问题是否得到解决,个体在心理上往往会立即产生一种情感上的共鸣和依赖,从而在短时间内形成一种强烈的归属感。

为了确保询问这种心理接触方式发挥其应有的作用,必须掌握自然、亲切、真诚、连贯、深入、准确的询问技巧。通过这样的技巧,询问不仅能够成为一种深入人心的感动,还能够成为亲和力的体现,以及一种心态的抚慰、一种特殊的理解、一种责任感的展现。

反劫持谈判中,对劫持者的询问包括以下内容:

(1)"发生了什么?"以问事;

(2)"现在怎么样了?"以问情;

(3)"感觉如何?"以问心;

(4)"想怎样去解决?"以问态。

谈判者必须注意调整询问时的态度、语气、表情、语速和肢体语言,以确保从询问的一开始就能够产生打动人心的效果。这样的询问能够使劫持者感受到一种罕见的人格魅力,从而产生深刻的震撼。在随后的连续询问中,谈判者能够成功地掌握并稳定劫持者的情绪波动。

2 提示

提示是在询问不顺畅及答非所问时补充应用的谈判技巧,用以缓解和冲破那种回答问题时出现阻塞,使谈判现场出现僵持的时候采用的。

提示的心理接触技巧必须掌握,以劫持者最容易回答或交谈的语句进行提示,用语不可太偏、太深、太长,一种提示最好只包括一个意思。例如:

"我是专门来解决你遇到的问题的,你需要我这样来与你接触吗?"

谈判者应从劫持者的需求出发,提供必要的提示,以增强劫持者对通过谈判解决现场问题的信心,并减少其对谈判者的抵触情绪。提示是一种自然、巧妙且善意的沟通方式,用于与劫持者建立心理接触。它能够根据不同的谈判策略,达成不同的谈判目的,因此,提示既是较简单也是较具挑战性的心理接触技巧之一。

3 理解

在面对劫持者强烈的对立情绪时,谈判者可以采用一种超出常规的沟通策略,通过认可、赞许和同情来表达对劫持者处境的深刻理解,同时以关怀的态度关注其未来的谈判动向。这种理解策略是谈判者与劫持者建立情感共鸣的一种表现,具体操作如下。

1)理解劫持者的情绪反应

谈判者应认识到劫持者的行为是对困境的过激反应,而非出于理智。这种行为是情绪使然,是人之常情,谈判者可以表达出如果自己处于相似情境,也可能会有类似甚至更激烈的反应。

2)理解劫持者的现实担忧

谈判者应理解劫持者想要通过强硬手段突破现实限制,寻求一种彻底解决问题的方法,哪怕这种方法可能极端。

3)理解劫持者的人质心态

谈判者应认识到,实际上没有人愿意劫持人质。这种行为是在绝望的情况下的无奈之举。

4)理解劫持者的行为动机

谈判者应将劫持行为视为情绪失控的结果,而非故意犯罪。避免直接提及劫持者的故意犯罪意图,而是从无知、不理解、不情愿的角度来解释其行为,为劫持者营造一种对其行为后果不会深究的印象。

这种理解策略的目的是将劫持者置于一个宽容的环境中,以减轻其紧张情绪和对后果的担忧。通过这种方式,谈判者可以向劫持者传达出一种信息:他们之前的或当前的行为并非不可挽回,只要能够控制和改善后续行动,就有可能避免严重后果。同时,谈判者通过这种策略传达出对劫持者所面临难题的解决希望,鼓励他们勇敢地走出困境。

④ 分析

谈判者通过深入探讨劫持事件的各个方面,如事件本身、劫持者的现实处境、心态、未来出路、家庭关系和思维方式,将复杂的现象分解并进行针对性的合理论证。此策略站在劫持者的利益角度进行推理,明确展示积极结果的可能性,同时暗示持续对立可能带来的不良后果,运用"软硬兼施"的策略来促使劫持者重新考虑自己的行为。分析策略的操作方式如下。

1) 揭示矛盾

谈判者通过对比分析劫持者的行为与目的之间的矛盾,展示行为的利弊和解决问题的不同可能性,提出新的解决思路和替代措施,以证明自己分析的准确性。

2) 柔性分析

对于劫持者拖延时间以期获得妥协的行为,谈判者应进行温和分析,减轻其压力,同时说明自己观点的合理性,让劫持者认识到这是为了他的最佳利益,帮助他摆脱危险。

3) 对比影响

通过与其他人的对比,使劫持者感到自己的行为愚蠢,产生心理动摇和矛盾,开始后悔自己的决定。

4) 综合分析

谈判者利用现场的所有资源,整合思维,形成能够触动劫持者心态的心理接触方式,促使劫持者认识到放弃劫持行为、控制伤害行动、停止对抗是最佳选择。

询问、提示、理解和分析这四种策略构成了反劫持谈判中心理接触阶段的完整体系。它们体现了谈判者以心理辅导为特点的沟通方式,展示了心理接触在思维、语言、情绪、表情和动作方面的广阔发挥空间。这些策略能够将心理战术的话题转化为富含意义和心态的互动。

(三) 心理接触的目的

反恐谈判中的心理接触绝不是一般性的闲聊、仅仅是表明航空安全员态度的一种行为方式,相反,它是有着十分明确预期目的的战术动作,是正面接近并对现场态势加以把握的有效手段,是一个可以先期利用的谈判时机。

反劫持谈判过程中的心理接触目的,大致有以下几个。

① 探明基本情况

在劫持犯罪行为发生之初,执法部门通常仅知晓人质被劫持的大致位置以及犯罪行为本身,而对于犯罪动机、劫持者的具体要求以及其背后的深层次原因则缺乏了解。由于对整个事件的全貌尚未掌握,对于细节问题更是知之甚少。然而,鉴于形势的紧迫性,执法部门必须迅速响应,派遣人员前往现场。在现场,执法部门面临着劫持者的挑衅和人质的安全风险,必须与劫持者进行初步的交涉和沟通。

为了能够有针对性地与劫持者进行策略性的交涉,警方首先需要获取现场的基本情况。获取第一手资讯是展开有效谈判的基础,只有在详细了解了现场状况之后,警方才能制定出合理的谈判策略。探明基本情况的范围包括如下几点。

(1)劫持者是哪里的人、为什么要劫持人质、人质的情绪怎样。

(2)劫持者手中持有的物件是刀具、枪支还是爆炸品。

(3)劫持者所占据的劫持位置的状态、与人质保持的姿态和距离、有无可以利用的空隙,以及人质会不会采取自主性反抗和逃跑行动。

(4)劫持者的语言特征、思维习惯、文化程度、性格类型、情绪状态,在什么情况下会将这些个性化的特征表现出来,哪些因素会直接地影响到谈判的过程、效果、结局,相对稳定与不稳定的个人因素有哪些。

(5)劫持者对待人质的基本态度、采取的强制手法、行为的最大极限、习惯性的攻击动作、很有可能的暴力倾向,以及人质可能做出的反应。

2 精确控制沟通的力度

反劫持谈判是一种极为复杂且充满心理弹性的语言交流活动。在此过程中,谈判双方必须在对方心理上可接受的范围内进行交流,以避免引发不可预见且难以控制的后果,防止双方矛盾的进一步激化。

反劫持谈判的心理接触策略正是基于这样的考量而设计的。其核心目的是在动态的交流中准确把握劫持者、人质及现场警力的心理承受能力和基本感受需求。通过既不过分强硬又不过于软弱,既不偏激又不中庸,既不沉重又不轻浮的对话,稳妥地与劫持者建立接触。这种策略的本质在于运用大致的判断、不确定性的方法和灵活的心态与劫持者进行互动,以直观的观察和切身的体验来识别问题、规律和特征,进而调整或改变现有的谈判策略,以精确、有效且适应性强的方式推进与劫持者的对话,以期解决劫持危机。

谈判者在口头表达时应该选择温和的语言,避免冲击性的言辞,使劫持者感到舒适,能够触动其内心,促使其重新考虑现实问题。

谈判者应引导劫持者围绕谈判的核心议题进行思考,确保谈判过程中避免大的冲突、实质性的反复和持久的对抗,营造一个相对顺利且双方都不费力的氛围,保持心情的和谐。

反劫持谈判中的心理接触不仅是谈判过程中的一个具体发展阶段,能够独立实现某些目标,为整个谈判奠定良好基础;同时,它也是整个谈判过程中不可或缺的心理技巧、沟通平台和情感建设手段。一旦出现问题、分歧、争执或对抗,心理接触就显得尤为重要。可以说,除了心理接触,没有其他方法能够取代它的作用。如果忽视这一谈判原则,可能会遭受规律性的负面后果。

以下是典型案例及分析。

案 例

某机组在国内执行飞行任务时,后舱乘客王某突然递给乘务员小张一个折叠纸条,并对她说:"给你们机组。"上面写道:"我是××军事学院爆轰专业引信系学生,带着一颗从×国进口的反坦克地雷,上面装有弹发引信和拉导引信,并有反探测系统装置,请你们立即把飞机飞往××,我要在那儿着陆,否则我将立即拉爆地雷。"

小张看过纸条后,马上将其递给了公司在机上的领导小赵,小赵令小张马上将纸条送给驾驶舱机组,指示随机安全员去观察罪犯动态,机长得知消息后立即锁闭驾驶舱门,又向地面报告。小张回到客舱后,将情况告诉另一乘务员。机长随即解除增压,决定在就近机场着陆,并通过观察孔监视犯罪乘客王某的动态。

安全员到后舱,为便于查看嫌疑人的情况,向服务员要了一杯茶水坐在罪犯后面,问嫌疑人:"你到哪里去啊?"嫌疑人答道:"我到那个地方去。"安全员没再追问下去,观察客舱内旅客没有答话或配合的迹象,确定劫机者只有他一个人,便向客舱前面走去,找来两名旅客协助,并说:"最要紧的是守住驾驶舱门,决不能让乘客王某进去,这是关键,他进不了驾驶舱我们就好办,他一旦来了,我先迎上去,你们视情况按住他的手。"乘务员照常服务,并广播:"飞机在飞行中遇到气流影响出现颠簸,请大家注意系好安全带。"安全员发现乘客王某的手发抖、脸上冒汗,并不断从上衣口袋掏出指北针来看。

飞机降落打开舱门后,乘客王某第一个下飞机,旅客也纷纷下机。后在摆渡车上,机组成员和旅客将乘客王某制服。

案例分析:

第一,最先获取信息的机组人员没有在第一时间将劫机信息报告机长,劫机事件发生后,最先获得信息者应该先告诉机长,机长或最先获其信息者以电话、暗语、暗号等方式再将飞机遇劫,以及行为人劫机情况通知机组其他成员,启动机组反劫机程序。但乘务员获得劫机信息后,没有迅速将情况报告机长和安全员,致使机组其他成员没有能够及时做好反劫机准备。

第二,机组成员谈判响应行动不够得力。劫机事件发生后,安全员和机组其他人员要主动设法接近歹徒,与之交谈或谈判,稳住其情绪,尽可能摸清行为人有无凶器、危险品,或辨别凶器、危险品真伪,有无其他同伙,以及劫机的目的等。但机组成员仅仅是问了一下行为人往哪里去就没再追问下去,特别是在发现行为人高度紧张的状态下仍然不理不问,没能进一步了解劫机的动机。

第三,机场公安处接警不及时,被劫航空器降落后,各警种应按分工迅速隐蔽包围飞机,封锁跑道。突击队可以给飞机加油、补充电源、清洁卫生、提供食品,检修飞机等为理由掩护接近飞机,随时待命出击。当行为人欲加害人质或引爆飞机时,应发起强攻。如果行为人已被制服,机场公安应立即登机将行为人押解下飞机。该案中,机场公安没有及时出警保卫航空器,也没有上机押解行为人。

第四,旅客与行为人没有有效隔离。飞机降落后,当飞机上劫机犯罪分子已被机组制服时,机场公安应立即登机将行为人押解下飞机,同时迅速疏散乘客。但该案中,行为人却与旅客同上一辆摆渡车。

第五,驾驶舱没有全程锁闭。在飞行过程中,驾驶舱应该全程锁闭,以免驾驶舱被不法分子控制,本案锁闭驾驶舱是在得知劫机信息后才实行的。

二、实质性谈判阶段

当一种反劫持谈判的心理接触相对完成以后,为了能够真正解除现场的那种僵持、对抗、凝固的情形,谈判者就得运用引导和诱发的语言方式来让劫持者自动说出他究竟想达到什么劫持目的,从而进入商量交换条件的阶段。

商量交换条件是一个有着相当难度,对于双方来说又极为敏感的阶段。如果谈判者把握不好就可能形成最早的一次僵局,使得刚刚依靠"心理接触"策略方式打开的局面被毁于一旦,导致劫持者与谈判者无话可说,只能用暴力相向,做出劫持者不愿意做的事情——加害人质或损毁航空器。

商量交换条件阶段的操作,是对一个谈判者心理素质、谈判技巧、应对经验等主观素质的一种严峻的考验,看其会不会、能不能、巧不巧地把一个个的局部危机转化成一种有惊无险的格局,让谈判能继续下去,以便共同商议出一个双方都能接受的交换条件。

谈判者要想做到临危应对、化险为夷,以下几个方面是不能被忽视的。

(一)引出条件

在反劫持谈判进行过程中,引出条件是巩固心理接触阶段感觉成果,不失时机地引导劫持者按照安全员的意图活动,不断实现控制现场,稳定人质心态的一个有力的"谈判动作",也是保证反劫持谈判能够深入下去的一个客观基础,是正式进入反劫持谈判中心区域的一个招数。

引出交换条件不是一个随意的做法,而是一个有着计谋性的谈判战术动作。其操作技巧在于以下几点。

谈判者在第二次上场时,以一种不经意的问话:"你现在需要我为你做什么?"劫持者就会毫不犹豫地说出他们的交换人质或场所的条件。

这时,谈判者应细心且耐心地弄清劫持者到底要什么样的交换条件——劫持者要什么?是要货币、实物、交通工具,还是要什么人?一定要把这些人或物与劫持者是一个怎样的关系弄清楚。

劫持者要这些想做什么?达到何种目的?如果是要钱,想要多大的数目和哪国货币?劫持者的基本想法是什么?态度有多坚决?劫持者怎么要?是要安全员送去,还是给他们交通工具自己去取?劫持者提出要在多长的时间里完成,否则他们就会怎么样?接着可能发生什么样的直接后果?

谈判者在运用倾听询问的谈判动作中,弄清了劫持者的交换条件的内容后,就以全面复述的方式来证实自己的掌握,当面问劫持者自己的理解对不对。在劫持者证明谈判者对交换条件的理解是正确的时,就表明谈判者已完成了弄清条件的任务。

(二)讨价还价

从已经发生或处置过的大量反劫持实战案例来看,在劫持者提出交换条件后,谈判者不能采取消极态度或无动于衷,而应对对方提出的要求做出积极而审慎的回应。回应并不是简单地接受或拒绝对方的要求,而是要深入了解对方要求的具体内容和细节。

对于劫持者提出的易于满足的要求,如食物、水、衣物等基本需求,谈判者可以及时予以满足,以促进双方积极关系的建立。

然而,当劫持者提出主要诉求时,危机沟通人员不应立即拒绝,而应根据其所提要求陈述我方的难处,避免立即接受或满足,以免激发对方更高的期望。相反,应采用一种特殊的语言表达方式,对劫持者提出的条件进行适度的调整。从道理、人情、逻辑、事实出发,部分地指出条件的不合理性或无法实施性,并根据劫持者的想法重新描绘出一种期望的蓝图。

在回应要求时,谈判者可以采取以下策略:通过满足较小的要求来回应其较大的要求;通过提出次要的要求来拒绝其主要的要求;通过讨价还价来获取最大的回报。这样做的目的是让劫持者意识到获取任何东西或承诺都需要付出努力,从而降低其期望值。

具体操作方法包括以下几种。

❶ 压缩数量

在面对劫持者提出不切实际的巨额赎金要求时,谈判者应采取策略性的质疑,以评估对方的诚意,并寻求合理化的要求。谈判者可以通过提出各种理由和依据,策略性地压缩赎金数额,将其降至一个更为合理的、劫持者可能接受的范围。

例如,如果劫持者要求的赎金数额过高,安全员可以表达出这样的观点:

"你的这个条件是在为难我们,看来你没有多大诚意解决问题,或许我们可以考虑一个更为合理的数字,比如××万,您觉得如何?"

通过这种逐步降低要求的方法,谈判者可以引导劫持者重新考虑其最初的要求。

此外,谈判者还可以采用以下策略。

(1) 以大化小:通过提出一个相对较低但对劫持者仍有吸引力的金额,来降低其初始要求。

(2) 征求意见:询问劫持者对于其他非金钱要求的看法,如安全保障、法律后果等,以此分散其对金钱的过度关注。

(3) 提出交换操作的方法:探讨除金钱以外的其他交换条件,如提供安全通道、法律上的宽大处理等。

(4) 不紧不慢的谈判策略:保持冷静和耐心,通过有节奏的谈判进程来影响劫持者的价值判断和整体思路。

通过这种细致入微、逐步推进的谈判技巧,谈判者能够在保持沟通的同时,逐步引导劫持者走向一个更为现实和可接受的解决方案。

❷ 条件置换

如果劫持者提出要将关押在某监狱中的某个犯人释放出来。谈判者首先表明:

"用这种激烈的方式来换取某人从监狱中出来的决心是可以被理解的,但对于从这种场所中将人放出来的手续繁杂,时间也会拖得较长。能否这样:把你要的这几个人从监狱中临时弄出来,跟你见个面,一来可以表明你已经尽努力了,对他们也有一个责任性的交代;二来能够缓解一下你对他们心中的思念,还可以见面后作简短的相互对话;三来在与他们见了面后,我们就为你提供一部车,把你送出去,希望你以后再不要这样了,可以吗?这就是我们想解决这个问题所做出的最大努力、最有实现的价值、最可保证各方的人身安全。你仔细想一想,就知道我们的最大诚意了!"

谈判者用一种条件来置换另一种条件,并从眼前最直接的好处上、最能变相满足、最具有操作性的意义上,以及最冷静客观的角度上来调换劫持者提出的"原始条件"。在既沾边又不是一回事,既是小的又是大的,既没有答应也没有否定,既要实现又没有去完成的"两可"情形中来进行巧妙地置换,从而使劫持者的感觉也停滞在进不进和退不退的状态中,让其无法作出一种肯定或否定性的取舍判断。

❸ 延长谈判时间

在与劫持者进行谈判时,一个至关重要的策略是延长谈判过程。这不仅涉及到对劫持者提出的高额要求和不合理条件进行有效的降低,以实现迅速减轻紧张局势的目的,而且还包括尽可能延长满足这些条件的时间。为了实现这一目标,谈判者必须确保其立场在逻辑上是合理的、情感上是可信的、道德上是正当的,从而使劫持者认为这一立场是合理的、是解决问题的正确途径。为此,谈判者可以在以下五个方面进行详细的阐述。

1) 强调审批手续

谈判者声称,要实现交换条件必须要有一整套流程,请相关领导人、管事者、职能部门来审批,走一个规定程序,缺一个都办不了,所以需要时间。

2) 现金调拨

谈判者表明,一个银行没有这么多的现金,要去别的分行、总行、金库中去调集,由一个到另一个银行集中现金也要一定的时间。

3) 领导正在想办法

谈判者可以说"机长正在考虑"。

4) 路途较远

谈判者告诉劫持者,物资和钱款从某地出发要经过多少路程运行、车在城区限速不能开得太快,并要经过几个红绿灯口,以一定的车速来计算一下时间,得出起码要在多少个小时以上。

5) 临时故障

谈判者说,车辆走到某条道路上,突然发生车轮爆胎,或者别的车辆出现交通事故影响行驶,堵塞了交通,现在这辆车就在路上等待,因而拉长了时间。

谈判者用这五种理由中的任何一种,以及几种的结合来向劫持者说明没有多少个小时是无法来满足条件的。假若真的想得到想要的交换条件,就要给出一个能够去实现条件的基本时间,才能达到双方成交的目的。

谈判者在与劫持者进行交涉时采取的策略旨在实现多个目标:首先,通过坚定而真诚的谈判态度，使劫持者确信警方解决问题的诚意；其次，在就交换条件的内容和时间进行详尽对话的过程中，通过具体探讨、交流和争执，无形中消耗时间，为现场警力的部署和时机的把握创造条件；最后，在以条件交换为核心的谈判中，谈判者应始终掌握谈判的主导权，包括方向、程度和内容，以策略性地引导对方，实现整体谈判策略的协同效果。

在"讨价还价"的问题上，需要特别指出的是，不论劫持者提出的交换条件多么微不足道或简单，谈判者都应进行相应的讨价还价。这不仅展现了警方的诚意，还有助于掩盖警方的真实意图，并可以通过这一过程控制劫持者的期望和行为。

如果对方在提出要求的同时附加期限，并威胁如果期限到达时没有满足其要求，就将采取相应报复行为，以便给予我方压力。这里需要注意以下几点。

(1) 回应期限。首先，不能自定期限，如"这件事我们20分钟就可以办到"。其次，不宜建议对方设定期限，如"处理这件事情，你给我们半小时好吗"。最后，在接到对方的期限威胁时，不要立即接受，而是陈述处理该项要求的难度，并尝试劝阻对方。即使时间充裕，也要向对方诉说我方的难处，表明会尽最大努力帮助其争取，但由于存在很多困难，未必能够在其所规定的期限内完成，以降低其期望值。

(2) 必求回报。这里有一点需要强调的是，只要满足劫持者的要求，就要提出相应对等的交换条件(如要求劫持者做出承诺，保证不伤害、不劫持运送人员)。让劫持者明白他必须作出让步才可以满足自己的要求。这样劫持者就会在一次次要求的满足中不断降低自己的期望和底线。除非对我方有利，否则不再重新提及要求。

(3) 延长期限。在临近谈判期限时，可以策略性地利用已经提出的要求进行拖延，或者提出合理的理由，以说服劫持者接受打破最终的时间限制，从而实现延长谈判时间的目的。

在谈判的条件协商阶段，这是一个具有实质性意义的环节，双方通过各自的策略来实现目标，争取对方的认同，并通过谈判过程实现预定目标。这一阶段包括了对谈判主导权的控制、对对方的策略性影响、对谈判范围的界定以及对时间的精准管理等关键要素。它是谈判双方能否在谈判中取得胜利、确保自身安全、缩短接触时间，并实施全面控制战术的关键阶段。因此，对于双方而言，这一阶段的策略性和灵活性至关重要。

以下是典型案例及分析。

案 例

某航空公司一架客机执行乌鲁木齐—哈密航班任务，在飞临哈密市时发生劫机事件。

劫机嫌疑人李某登机时身上带有玩具手枪一把、体育教练手榴弹四枚、用红糖包装的假炸药一包，以及卵石、大螺丝刀、大扳手、各种地图、指北针、半导体收音机等物。飞机起飞后，李某对乘务员说："我把手枪、手榴弹、炸药都带来了，你别害怕，让你们机组把我送到××去，可以保证你们安全返回。"这当场遭到了乘务员的严厉拒绝，并要求李某交出武器。当乘务员转身欲向机长报告时，被李某抓住了双手，航空安全员立即赶来阻止，副驾驶也出驾驶舱予以协助。李某旋即举起手榴弹进行威胁,并向驾驶舱奔去。副驾驶立即退入驾驶舱,锁住舱门,从观察孔监视李某的活动。机长得知情况后,及时报告了地面,立即决定在途中的××机场紧急降落。

案例分析:

第一,乘务员擅作主张,在发生劫机案件的第一时间,没有设法将情况传达给机组和安全员,而是直接做主,进行严厉拒绝,程序上不正确。

第二,机组行为不利于评估劫炸机危险。劫机事件发生后,机组人员在未辨别对方武器及爆炸物真伪,以及有无其他同伙等情况下草率要求对方交出武器,不利于自身安全防护。

第三,机组成员没有选择谈判解决的手段。在劫机者提出炸机威胁后,对劫机者提出的要求,一般不要当场拒绝。且本案中劫机人使用了"你别害怕""可以保证你们安全返回"等较为温和的字眼,此时应抓住谈判时机,对劫机者正向行为进行鼓励和肯定,为彼此建立信任关系打基础。但最先与劫机者接触的乘务员态度僵硬,不利于稳住情绪,激发了劫机者铤而走险的可能性。

第四,驾驶员不应仓促出驾驶舱协助制敌。在飞行过程中,驾驶舱应该全程锁闭,以免驾驶舱被不法分子控制。在本案中,副驾驶仓促出舱,驾驶舱容易被劫机者闯入控制。

三、履行承诺阶段

在交换条件的谈判阶段结束后,随着最终期限的临近,谈判双方将采取各种措施以确保条件的履行。这一时期是谈判中最紧张、最易发生冲突的阶段,也是最有可能因谈判破裂而导致暴力升级或谈判失败的时刻。

最后期限的到来,标志着反劫持谈判进入了最为关键的时期。历史上国内外的许多谈判失败都集中在这一阶段,它考验着谈判者的专业技能、实战经验、应变能力和生活智慧。能够在这一阶段成功地应对挑战、把握谈判节奏的谈判者,往往是专业谈判团队中的精英。

(一)最后期限到来的必然性

在反劫持谈判中,最后期限的概念是谈判双方为确保条件得以履行而设定的时间节点,它体现了人性感召与时间约束的结合。无论谈判过程多么和谐,最终都必须面对最后期限这一不可避免的现实。随着时间的流逝,劫持者在未见到承诺兑现时,可能会感到焦虑、愤怒,甚至产生报复的念头,对谈判者提出严厉的质疑和警告。

这种最后期限的临近,对谈判者来说既是挑战也是机遇。它考验着谈判者在紧张的情势下如何保持冷静、如何调动对方情绪、如何维持谈判的稳定。历史上,鲜有劫持事件能在最后期限到来之前顺利解决,通常只有通过谈判者的积极引导,才能在最后期限之后实现危机的转化。

因此,面对最后期限,谈判者需要展现出高超的谈判技巧和强大的心理素质。那些能够有效应对这一紧张局面的谈判者,往往能够在反劫持谈判中取得成功,实现和平解决的目标。反之,无法妥善处理最后期限的谈判者,很难将谈判进行到底,更难以达成和平解决的结果。

(二)应对最后期限到来的战术

最后期限的到来是反劫持谈判中不可避免的环节,是每一位谈判者都必须面对的挑战。这一环节的难点在于,谈判者不仅要直面这一现实,还要在好和不好两种结果中做出选择,确保谈判能够持续进行,达到以言辞胜刀枪的效果。尽管过程中可能充满波折,但最终目标是避免实质性的障碍,保持双方关系的和谐。为了实现这种高难度的谈判效果,谈判者需要做到以下几点。

❶ 合理解释延迟原因

谈判者应详细说明导致最后期限尚未兑现的各种可能原因,如审批流程的复杂性、条件兑现的基本程序、交通意外等。可以强调单一原因,也可以综合多个因素,但关键在于使解释听起来合理且详尽、细节上无懈可击、情节具有感染力,使劫持者即便半信半疑也难以找出破绽,从而愿意继续等待。

❷ 制造错觉,增加紧迫感

在阐明导致延迟的原因后,谈判者应当利用劫持者期待结果的心理状态,表现出诚挚和热情的态度,向对方传达自己为实现其要求所做的努力。可以采用如下的表述方式:

> "你提的要求,我已经尽我所能,通过与多方沟通和协调,终于取得了一些进展。你们所要求的物品已经在路上,只要再耐心等一会儿。如果你在这个时候拒绝接受,会让我的处境很尴尬的,也请你能够给予理解和支持。"

通过这种沟通方式,谈判者旨在构建一种紧迫感和期待感,使劫持者在等待的过程中产生一种心理上的信任感。这种方法有助于降低紧张气氛,并为谈判的顺利进行和最终的和平解决创造有利条件。

❸ 利用时间策略,延长心理忍耐期

在反劫持谈判中,针对劫持者因长时间等待而产生的不安与焦虑,谈判者可采取时间管理策略,以增强其心理耐力。在阐明条件尚未满足的原因之后,谈判者应展现深切的同情和关怀,以真诚和体贴的语气向劫持者表达:

> "你们已经耐心等待了很长时间,不妨再给我们一点时间。"

以此为契机,谈判者可以巧妙地转移劫持者的注意力,利用他们长时间等待后的疲惫状态,以极为关心的态度主动提出:

"你们是否需要一些食物或饮水？或者有其他必需品，比如药品，需要我们提供吗？如果需要，我们可以立即安排。"

此种策略不仅有助于确保劫持者的基本需求得到满足，避免因极度疲劳而导致情绪失控，而且通过展现人性化的关怀，能够在心理上为劫持者提供一种安全感，从而在紧张的谈判环境中培养信任感。这为通过和平方式解决危机营造了有利的氛围。

4. 通过条件置换稳定心态

在反劫持谈判中，当劫持者情绪相对稳定且现场局势暂时缓和时，谈判者应利用这一时机，通过条件置换的策略来进一步稳定对方的心态。即在双方就交换条件的讨论暂停，且劫持者处于等待状态时，谈判者应以自然而真诚的态度，配合适当的肢体语言吸引劫持者的注意力，并提出：

"我理解你们面临的困境，但目前讨论的条件只能解决短期问题。既然我们有机会交流，不妨考虑一个长期的解决方案。我可以帮助你们找到稳定的工作机会。"

这种提议旨在描绘一个更为乐观的未来前景。

在进行此类谈判时，谈判者应细致地描述具体的场景，包括时间、地点、可能的雇主、工作的性质以及预期的生活质量，以此构建一个生动且具体的未来图景。这种描述应具有强烈感染力，能够激发劫持者对未来的思考和向往。通过对比他们目前的处境与潜在的积极转变，谈判者可以逐渐影响劫持者的心理状态，促使劫持者重新评估自己的行为和选择。

此策略不仅有助于在谈判过程中争取时间，转移劫持者的注意力，而且为建立信任和达成和平解决方案提供了可能性。通过这种条件置换，谈判者能够在劫持者心中种下希望的种子，为谈判的顺利进行和最终的和平解决创造有利条件。

（三）最后期限到来的节点把握

最后期限的到来无疑是反劫持谈判中最具挑战性的阶段。其艰难之处在于，此时的谈判几乎没有太多的回旋空间，任何微小的失误都可能激化紧张局势，破坏之前辛苦建立的稳定局面。最后期限到来，必须把握好以下几个关键点。

1. 正面回答劫持者的质问

每到最后期限时，劫持者在一种"上了当"的感觉下，会以一种不顾一切、忘乎所以、歇斯底里的情绪来质问谈判者：

"答应的条件为什么还没有兑现？为什么要欺骗人？难道你们不想要人质活命了吗？你们是不是真的以为我们不敢杀人或炸毁整架飞机？"

在这样的高压环境下，谈判者需要以冷静和专注的态度，简洁而有力地回应劫持者的质疑。他们的回答不仅需要直击要点,更要充满诚意,以稳定劫持者的情绪,避免局势进一步恶化。通过这种方式,谈判者能够在关键时刻控制局势,为最终达成和平解决方案奠定基础。谈判者要注意这种正面回答问题需掌握几个底线。

(1) 劫持者问什么就回答什么。不要绕着问话走或不作正面答话,那样就会让劫持者误以为谈判者心里发虚,不敢接触实质问题,无法面对已经出现的现实,从而就会强化劫持者的劫持攻击动机,而迅速地破坏整个平稳局面。

(2) 仅就劫持者质问中的某一个问题,或者一个主要意思,理直气壮地正面回答,并且力求简明扼要,语言不强不压,让劫持者听了觉得此中有理,不服不行。

(3) 用生活中的常理、打比喻的方法来解答劫持者的质问,使对方能够听懂谈判者的每一个字、每一句话,体会出语言之外的心意、暗示、提醒,通过一种很有底气的回答,让劫持者感觉是自己过度猜忌了谈判者。

❷ 不能具体回答还需多长时间

当劫持者以一种焦虑不安的心情盼来成交条件的时间,却什么也没有看到,顿时萌生出一个伤害人质或部分破坏现场以警示谈判者的念头,但经过谈判者一番真实动人的陈述后,劫持者觉得似乎有一点道理,然而为了进一步查实是否是真实的,劫持者便以逼问的方式道:

"别说那些没有用的,到底还要多长时间才可以兑现交换条件?"

此时,谈判者不能具体地去回答对方的质问,只能以"快了,快了""再等一会儿,马上就可以了"一类的格式化语序来应对劫持者,以产生不知不觉地让时间悄悄过去的效果,不直接刺激劫持者的不安全感、失落感、愤怒感、犯罪感,进而给谈判者自己创造出一个转移话题、置换条件、转变注意力的机会。

最后期限到来,大概要经历来自劫持者的3—5次的质问冲击波,谈判者如果应付过去了,便就有了引领谈判新话题的可能和实力,可在步步为营的稳健状态中来进行另一类的谈判,将谈判的狭窄期转化成谈判宽广期,以达到从精神上制服劫持者的目的,从根本上解除劫持危机。

❸ 准确选择让步时间

除此之外,准确选择让步时间,对危情沟通进程有着至关重要的作用。一般情况下,在下面三个阶段选择让步最为合适。

(1) 在期限就要来临之际,此时危情沟通人员可以作出一些微小或部分让步,以便实现稳定对方情绪和拖延时间的目的。

(2) 在谈判进入尾声阶段,此时对方仍然处于犹豫不决的状态,危情沟通人员可以作出具有象征性的让步,以便促进和平解决危机事件协议的达成。

(3) 在武力攻击进行前夕,为配合团队武力攻击的进行,危情沟通人员可以作出一些重大让步,也就是战术性让步,以创造攻击机会。

在反劫持谈判的最后期限阶段,谈判者面临的情况既微妙又紧迫。若能准确识别此阶段的复杂性,并以周密的准备和坚定的决心应对,谈判者便有可能在这场考验智慧与勇气的博弈中取得主导权,犹如在执行一场精心设计的计划。这个阶段之所以充满挑战,是因为一旦预设的截止时间到来而条件未能满足,谈判者将陷入难以辩解的窘境,面对劫持者对条件执行的激烈追问,以及人质的痛苦呻吟对谈判者造成心理的冲击。然而,该阶段的简单之处在于,在谈判者承认条件无法实现之前,劫持者一般不会轻率地伤害人质或破坏现场。

谈判者通过深入剖析劫持者的性格特征和行为模式,可以预判其可能的行动轨迹,并以清晰、直接的方式回应他们对时间节点的质询。利用熟练、自信、稳重且具有安抚性的沟通技巧,谈判者可以逐步缓和劫持者的紧张情绪,引导他们的心理动向。在劫持者心存侥幸、期望、幻想以及不情愿的情绪驱使下,谈判者能够引导他们保持在一种虽然不满但不至于采取实质性行动的状态——虽有威胁但未见行动,虽有叫嚣但不付诸实践。这样,谈判者不仅能维持局势的稳定,还能为实现和平解决奠定基础。

通过这种策略,谈判者不仅可以有效控制现场局势,还能为实现和平解决危机创造有利条件。

以下是典型案例及分析。

案 例

1993年9月30日,某航空公司飞机执行济南至广州的航班任务,机组无安全员。13时34分从济南遥墙机场起飞,一小时后就进入南昌区域。这时,乘务员小涂正从前往后收垃圾,当收到第三排的时候,四排C座的歹徒杨某突然站起来,拿着一把长20厘米的水果刀很快卡住她的脖子,另一只手握着炸药,并叫她和旅客都不要动。歹徒一叫,旅客因为害怕都动起来了。于是歹徒从脖子上挎的一个大包里面拿出一个装过咖啡的瓶子,里面装的是黑色液体,包里好像还有固体炸药,把导火线也拿出来了。正在客舱的副驾驶见杨某左手腕缠着几圈麻线状的东西和几圈铁丝,立即回到驾驶舱报告了机组。其间,杨某5次打电话给驾驶舱,威胁机组一定要到A城。杨某宣称,他是搞爆破的,懂这些,如果不按他的要求做,就要采取行动。歹徒把刀架在小涂的鼻子上,和小涂面对面。这时坐在一排C座的机组成员小王站起来说"你不要乱动,有事可以慢慢商量。"歹徒说"你回驾驶舱去,就说我要劫机。"小王看到舱门一开,赶快进去把门一锁,怕歹徒进来。同时,领航员提醒赶快拨通劫持信号,向南昌区调报告发生劫机,需要去A城的一些资料。机组考虑了一个预案,在沿途B城机场落地,但歹徒多次通过电话吼叫说:"现在我要求你们飞往A城。如果你们去不了,后果你们就负责。"机组为了保证人、机安全,在这种情况下只有同意直飞A城。

这时小涂往后退,靠近了服务舱,为了缓解一下当时的气氛,她对歹徒说:"我们可不可以坐下来慢慢说。"歹徒考虑一下说:"可以吧。"于是把导火索扣上了,但刀还是架在小涂的脖子上。这时中舱的乘务员小宋走过来,想缓解一下气氛,让歹徒先把小涂放了,但歹徒警惕性相当高,不让靠近,说:"你再靠近,我就先把她收拾了,然后再收拾你。"在小涂被歹徒劫持时,尽力与歹徒周旋交谈。歹徒说他家很有钱,自己买了一辆车来开,但是因此惹出了许多麻烦,受了很大的委屈,于是产生了现在的心理,对现实很不满。他还说,他已经忍耐了很久了,到了忍无可忍的地步了。

在下降过程中歹徒还是一再威胁,表示一定要去A城,不要糊弄他到其他城市整个飞行过程天气一直比较差,也看不清地面情况。歹徒这时看着地面说:"这些楼没有那么高,这不是A城,你们不要耍花招。"副驾驶小王说,"我告诉你,现在还有6分钟落地,我们说话算话,但你不能坠机或造成其他危险。"13:35飞机在A城机场安全落地。从劫机到落地整个时长约一小时。期间歹徒曾5次与机长通电话,都是由乘务员接过后拿着他来讲。

当确认所到目的地为A城后,歹徒这才把凶器、武器交给了保卫人员。后得知其妻子与儿子也在同一航班,夫妻二人为同谋。

据查,当日济南遥墙机场安检站曾在杨某、韩某身上分别查出匕首和手枪式大水果刀各一把,但值班站领导未按有关规定将管制刀具持有人交公安机关审查处理,而是擅自决定扣留刀具放行人员。

案例分析:

第一,乘务员小涂在整个劫持过程中展现出良好的专业人员素养,被劫持后积极与劫持者进行心理接触,和劫持者保持了较为良好的沟通关系,确保了自身安全的同时,探明了劫持者的基本情况,如"歹徒说他家很有钱,自己买了一辆车来开,但是因此惹出了许多麻烦,受了很大的委屈,于是产生了现在的心理,对现实很不满。他还说,他已经忍耐了很久了,到了忍无可忍的地步了"。

第二,乘务员小涂在劫持过程中,依然牢记保护驾驶舱的使命,有意将劫持者带离驾驶舱附近,并且语言缓和,不具有冲击性,如"我们可不可以坐下来慢慢说"。

第三,在履行承诺阶段,机组人员遵循了讨价还价的原则,做到了谈判中"必求回报"准则,如"我告诉你,现在还有6分钟落地,我们说话算话,但你不能坠机或造成其他危险",确保了人机安全。

四、探讨出路阶段

进入探讨出路阶段的反劫持谈判,标志着谈判者的专业能力和策略运用已得到了充分的验证。事实上,能够顺利过渡到第四阶段的谈判者并不多见。只有在成功地顶住了最后期限的压力,并进入探讨出路阶段,谈判者才有机会在谈判的最后阶段发挥其语言的感染力,展现人性的光辉,将不利局面转变为有利结果。

成功抵达此阶段,意味着谈判者已在心理上对劫持者进行了有效的引导和控制,帮助他们从初始的狭隘需求中解脱,并开始探索更为宽广的人生道路。此时,谈判的成功已近在咫尺。在此阶段,谈判者通过细致入微的对话,帮助劫持者认识到除了当前的极端行为,

他们的生活还有更多的可能性和选择。例如,谈判者可能会说:

"哥,你看其实冷静下来很多事情还是有解决办法的,你真的对未来没有一点期待了吗?那你的家人呢?也没有为他们考虑过吗?有没有想过换一种活法,为自己和家人创造一个更好的未来?"

通过这样的对话,谈判者能够激发劫持者对未来的希望,同时减少他们对当前紧张局势的依赖。

总之,探讨出路阶段是反劫持谈判中至关重要的环节,它要求谈判者不仅要有高超的沟通技巧,还要有深刻的人性理解和同情心。通过这个阶段的努力,谈判者可以为劫持者提供一个切实可行的出路,从而实现谈判的最终目标——和平解决危机。要做好探讨出路阶段的谈判工作,必须把握住如下几个环节。

(一)把握好标志性的环节

在反劫持谈判中,探讨出路阶段的进入标志着谈判者已经成功引导了劫持者从对抗走向对话,这是谈判过程中的一个关键转折点。谈判者必须识别并把握这一标志性环节,即当劫持者在接受劝说并停止索取交换条件后,主动提出探索性问题,例如:

"如果我现在停止了劫持行为,还来得及吗?"

这一提问表明劫持者开始考虑放弃其行为,并寻求法律的宽恕,这是谈判者前期努力的成效显现,也是探讨未来出路的起点。

谈判者应当认真且策略地回应劫持者的这一提问,使其逐渐认识到通过劫持行为来实现人生突破的做法是不明智的,也是难以成功的。谈判者需要引导劫持者调整当前的行动方案,从尚可控制的局势中寻找出路,以期获得有利于未来的生活前景。劫持者所提出的问题通常是现实性的、个人化的、试探性的,因此,谈判者的回答必须谨慎,避免激发劫持者的反感情绪,防止谈判态势的恶化。

在现场谈判中,劫持者可能会提出类似的问题:

"如果我释放人质并停止劫持,你们是否会遵守承诺放我离开?如果不会,你们将如何处置我?可能会面临多长的刑期?"

当劫持者以直接的语言提出这类问题时,表明他们正处于一个决策的十字路口,谈判者的回答将直接影响谈判的走向,可能导致和平解决或重新陷入对立僵持的状态。因此,谈判者的回答是谈判策略中至关重要的组成部分,需要从根本上解决现实生活中的困难,同时也要为劫持者提供一个可行的、建设性的未来路径。

例如,谈判者可以这样回答:

"你已经采取了重要的一步,考虑结束这个局面。我们可以探讨如何安全地解决这个问题,并且我会尽我所能,确保你得到公正的对待。让我们一步一步来,首先确保所有人的安全。"

这种回答既表明了谈判者的合作意愿,又为劫持者提供了一个无威胁的、逐步解决问题的途径。通过这种方式,谈判者可以帮助劫持者看到和平解决问题的可能性,同时避免了对立情绪的激化。

(二)回应的内容与策略方式

在反劫持谈判中,谈判者需要巧妙地引导对话,让劫持者相信有出路,从而放弃犯罪。这种对话虽然有时并不一定是完全真实的承诺,但要让劫持者感到真诚,以此来赢得他们的信任。谈判者要敏锐地捕捉劫持者的心理需求,用贴近生活的语言来回应他们的疑虑。

1 攻心感召

谈判者需捕捉劫持者对家庭的牵挂,利用亲情和责任感来展开对话。通过细腻而深情的方式唤起劫持者对亲人的思念,激发对家庭的深厚情感,引发内心深处的复杂情绪,从而削弱其继续犯罪的决心。谈判者可能会说:

　　"你肯定也很想念家人,我们都想平安回家,让我们一起想办法解决这个问题。"

这种情感上的触动可能会让劫持者开始犹豫,甚至想要结束对峙。在情感的冲击下,劫持者也有可能会有痛苦、烦躁甚至愤怒的反应,这些行为表明谈判者的情感策略正在起作用。

在此基础上,谈判者应加大分化劫持者心态的力度,不给其心理上反复的机会,直至他们愿意和平解决问题。同时,谈判者要避免使用过于技术性或复杂的语言,而是用简单、直接的方式来沟通,确保劫持者能够理解并感受到谈判者的诚意。攻心感召与心理接触是不同的策略,攻心感召是在谈判深入阶段采用的,具有更强的影响力。

2 心理辅导

如果劫持者感到绝望或沮丧,谈判者可以提供心理支持,帮助他们看到事情还有转机。例如:

　　"我知道你现在可能感到很困难,但我们可以一起找到出路。你的未来并不绝望。"

通过这种方式,谈判者可以帮助劫持者缓解压力,引导他们走向和平解决问题的道路。当劫持者意识到形势严峻,感到无法达到预期目的,可能面临人生困境时,他们的情绪可能表现为沮丧、沉默寡言。面对这种情况，谈判者应进行心理辅导，从多个维度进行深入分析，提供人性化的关怀和心理慰藉。这种心理辅导要求谈判者以共情的方式，帮助劫持者从暗淡的心态中走出，调整到明朗和稳定的状态，为和平解决危机创造条件。

（三）心理辅导的参考话术

心理辅导的参考话术如下。

"世上还没有一个不做错事的人，一个人做了错事很正常，不要去过多地为难自己。只要能够认识到这一点就可以了，你看在这么短的时间里，你就能知道自己做错了一件事情，并开始责备起自己来。这就显得十分可贵，我都很受感动。现在你就不要再难受了，关键是把下面的事情做好，还不失可以弥补的机会，你说呢？"

"一般来说，任何一个人在做错了一件事情后，在不长的时间内又会出现一个可以去补偿的时机，只要能够做好后面的事情，仍然是一件非常好的事情。现在你就可以思考一下下一步应该做什么，比如现场该去做什么，把你旁边的这个人（指人质）如何放出来，让他恢复自由，你会感到心里好受很多，不相信你可以试一试。"

"实际上，有时人做错了事，也未必不是一件好事，可以帮助我们去冷静地进行自我反思，找到我们身上那些不太好的东西，进行有利于自我的重新调整，改掉影响我们发展的东西，这样不就更好了吗？现在你可以考虑一下，应该停止行动了，放弃一切可能对你有害的行为，回到社会的大家庭中来，大家是非常欢迎的，你说是吗？"

谈判者在说这些话时，一定要轻声细语、语重心长、呵护有加、无微不至，要把话一次性地讲出来，力求产生一种打动、推动、感动、变动的效果，让劫持者形成一种由内向外、自动性的停止劫持行动的想法。

谈判者这种心理辅导开始起作用时，可以从劫持者的脸上看到他们的一种应和的表情，并有插话的现象，其整个情绪是随着谈判者的话语而改变的，且有频频点头称是、轻松释放的状态，这说明谈判者的心理辅导正在起作用。

（四）商量如何走出来的步骤

在经历了一系列艰苦而细致的谈判工作之后，当劫持者开始接受谈判者的观点、态度和建议时，谈判并未结束，而是面临着一个新的实际问题：如何让劫持者安全地离开现场。这一步至关重要，它不仅关系到前面所有谈判成果的巩固，也是实现最终突破的关键。稍有不慎，就可能导致无法挽回的后果。因此，即使在这个阶段，谈判者也不能有丝毫松懈，而应更加专注和细致地完成这一至关重要的步骤。

在商讨如何让劫持者离开现场的过程中，谈判者应提出一个全面的建议。当观察到劫持者情绪有所缓和，能够进行顺畅对话时，谈判者应抓住时机，自然地引导谈判话题转向解

决现场问题。在对话的间隙,谈判者可以主动提出建议,例如:

"鉴于我们都已疲惫,不如先休息一下,吃点东西,我再来安排你关心的事情。我有一个建议,现在你可以这样行动……"

这个建议应详细到每一个步骤,并确保得到劫持者的同意,避免引起对方的警觉和敌意。一旦劫持者接受了这个系统性的建议,就意味着谈判中最困难、最全面的战术动作已经基本完成。

反劫持谈判的四个阶段是紧密相连的,它们既是独立的,又是相互依赖的,缺一不可。因此,认真研究并切实把握每个阶段,为下一步的活动打下坚实基础是至关重要的。

通过对反劫持谈判过程的分析,我们可以得出这样的结论:任何一种反劫持谈判都是在具体的过程中逐步展开的,不可能一蹴而就,也不可能在某个阶段就宣告结束。

心理接触与探讨个人出路之间存在着内在的逻辑联系,它们是量变到质变、局部到整体、有限到无限的辩证关系。一方面,没有坚实的心理接触基础,就无法进行后续的个人出路探讨,这是问题的一个方面。另一方面,探讨个人出路是一种复杂而微妙的谈判操作,关系到最终能否成功解决问题,因此绝不能掉以轻心。

研究、交换条件与最后期限到来这两个阶段也是紧密相连的。只有当交换条件得到妥善处理,时间得到有效控制,劫持者的心理状态得到稳定,谈判者在体能和心态上得到喘息之机,才能应对最后期限到来时的高难度局面。只有如此,谈判者才能以不变应万变,灵活运用战术,牢牢掌握反劫持谈判的主导权,确保劫持者无法摆脱警方的控制,最终以一种艺术性的谈判手法达成目标。

问答题

在线答题

1. 在谈判进入到实质性谈判阶段,必须要和劫持者"讨价还价",以期拖延时间。具体可以从哪些方面讨论来达到拖延时间的目的?

2. 请说出客舱危情沟通的四个阶段,并谈谈每个阶段沟通的侧重点在哪里。

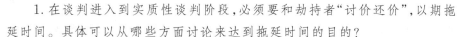

任务三　熟悉反劫持处置关键点

当民航遭遇劫持事件时,民航管理和服务人员须承担以下职责:首先,他们需要安抚情绪以保护人质安全;其次,要控制现场局势并疏散乘客;最后,还需及时上报情况并等待外部增援。

处理此类事件的主要步骤包括:收集相关信息和资源、制订行动计划、执行应急处置、及时报告并寻求支持、进行现场处理、接受劫持者的投降,以及运用对话技巧等。

一、收集信息

在处理民航劫持事件时,应充分利用目击者、早期介入的危机沟通人员或处置人员,系统地收集和记录以下关键信息。

(1)劫持者的基本资料,包括但不限于性别、年龄、身高、衣着、人数,以及是否携带危险武器、精神状态和心理状况等。

(2)人质的基本信息,涵盖性别、年龄、人数、健康状况、受伤程度和情绪状态,同时记录事件的起因、犯罪者的动机和目的。

(3)现场的详细情况,包括周围人员或乘客、周边环境,如劫持者所在具体区域、现场环境特点、是否存在易燃易爆物品等潜在风险因素。

小资料

1. 高度威胁实施者

高度威胁实施者包括但不限于企图危害空防安全的境内外暴力恐怖势力、境内外民族分裂势力、境内外宗教极端势力、刑事犯罪案件的涉嫌组织或人员、群体性治安事件的涉嫌组织或人员,以及其他严重危及我国民航经营正常进行的组织或人员。

2. 重度威胁实施者

重度威胁实施者包括但不限于为逃避刑事惩罚、为摆脱经济困境、为报复单位领导的嫌疑人或团伙,以及涉嫌选择航空运输的方式逃跑的重大刑事案件的嫌疑组织或个人。

3. 一般威胁实施者

一般威胁实施者包括但不限于为摆脱与近亲属包括亲密朋友紧张关系的嫌疑人或团伙、系列盗窃旅客行李物品、托运货物的嫌疑人或团伙,因机场噪声、拆迁、航班延误、出租车管理等引发的严重扰乱航空运输秩序的群体性治安事件的嫌疑人或团伙,非法侵入控制区、假冒伪造控制区证件、非法运输危险品或携带危险品乘坐民用航空器的嫌疑人或团伙。

二、制订行动计划

(一)处置形式的选择

现场人员需判断当前的对峙状态是公开还是秘密。在秘密对峙状态下,劫持者尚未意识到安全员或执法人员的存在,此时他们通常心理压力较小,警惕性较低。因此,在未公开对峙的情况下,一般采取隐蔽的处置手段。

(二)接近方式的确定

在未形成公开对峙时,应根据事件的性质选择合适的角色进行介入。例如,在涉及情感纠纷的案件中,可以由能够产生情感共鸣的乘客身份的人员介入;在劳资纠纷案件中,则可以由熟悉业务或法律知识的政府工作人员介入。

（三）具体分工的明确

（1）确定主要负责处置工作的人员，包括接近劫持者、开展对话和控制局势等任务。
（2）确定次要负责处置工作的人员，包括上报情况、疏散乘客等后勤支持工作。

三、执行应急处置

（一）观察要点

（1）观察劫持者所在区域及其周围环境，注意是否存在可用于对抗的工具，特别是易燃易爆物品。
（2）观察劫持者所持暴力工具，判断其种类和真伪，即使怀疑工具是仿造的，也应按照真实威胁对待。
（3）判断劫持者是否有同伙。如有，需了解其人数和具体位置。
（4）确认目标区域是否有其他非目标人员。
（5）评估人质状况，特别是他们的受伤程度。

（二）危险评估

（1）分析劫持者的行为倾向，判断其是倾向于积极对抗还是消极抵抗。
（2）评估劫持者所持武器的危险性，以及自身武器的优势。

（三）考虑和评估的问题

（1）评估劫持者所在区域是否有利于采取武力行动，例如，考虑是在驾驶舱附近还是客舱后部。
（2）预测一旦发生武力对抗，对周围乘客的影响程度，评估周围人群是否会受到伤害或再次被劫持。
（3）考虑现场是否存在易燃易爆物品，以及这些物品是否会被劫持者用于对抗。

四、报告并寻求支援

当民航遭遇劫持事件时，民航服务人员需迅速向主管上级进行汇报，并寻求进一步的指示。汇报应涵盖所观察到的案件相关细节，并包含对当前危险情况的评估，以便上级能够据此做出相应的决策。

五、进行现场处理

（一）疏散乘客

应迅速隔离非相关人员，防止额外的伤亡，或再次发生人质危机，从而影响救援行动。

首要任务是尽可能将危害降至最低。

(二) 与劫持者的接触

在接近劫持者时,应保持态度平和、行为低调,以期减少双方的距离。

(1) 在未形成公开对峙的情况下,建议以非安全员或执法人员的身份接近,避免引起劫持者的警觉,尽量维持这种状态。这样做可以减轻劫持者的心理负担,防止情况恶化。

(2) 在公开对峙的情况下,应停止任何可能激化的行动,谨慎行事,尽量将劫持者的影响限制在最小范围内。

① 如果劫持者持有武器,应保持适当的距离,避免过于接近或远离,停留在一个安全的位置,只要劫持者不伤害人质,处置人员就应暂时保持现状,以免引起对方的激烈反应。

② 如果劫持者已经伤害了人质,并要求处置人员后退或放下武器,策略应该是按照要求后退一定距离,以减轻对方的紧张情绪。

(三) 建立沟通

在等待专家或上级支援期间,一项关键任务是启动对话和沟通。在此过程中,早期介入的人员应努力"满足"劫持者的需求,而不是直接接受其要求。这样做的目的是稳定劫持者的情绪和延长时间,同时搜集重要情报,帮助劫持者理智地评估当前局势,最终目标是和平解决事件。

在开始对话之前,需要明确沟通的指导原则、步骤以及应该和不应该采取的行动(即危机沟通的"三不宜"原则:不采取对抗态度,不轻易让步;不表现出缺乏诚意,不轻易承诺;不急于求成,不顾安全)。

❶ 可谈项目

在民航劫持危机事件中,可以跟劫持者商讨的内容有食物、衣服、医疗药品、水、饮料、新闻媒体、钱等。

1) 食物、饮料和衣服

针对劫持者提出的基础生理需求,如食物、饮料和衣物,谈判人员可以通过对细节的讨论来满足这些要求。通过满足劫持者在食物和衣物上的需求,谈判人员不仅可以增加与对方的互动机会,还可以借此运送物资时进行现场侦查,或为可能的武力介入创造条件。

(1) 通过提供食物收集劫持者的饮食习惯,以及劫持者和人质的数量等信息。

(2) 不要一次提供足够数量的食物,借此增加对方提出要求的次数,进而创造警方收集信息或突击的机会。

(3) 不要提供足够数量的餐具,创造劫持者和人质分享食物和餐具的机会,以促使斯德哥尔摩现象的产生。

(4) 不要在食物中释放失能或致命药物。因为此类药物在人体内有一个作用过程,在这个过程中,人体会有察觉并有行为能力,并且由于个体差异性,每个人对药物的接受程度也不同,因此劫持者察觉用药后,暴力对抗行为随时可能发生。此外,劫持者还可能先让人质试吃食物,会造成不应有的后果。

2) 医疗药品

医疗药品的提供可以作为一个谈判筹码,用以促使劫持者做出让步或接受交换条件。通常情况下,应争取让劫持者同意将伤者送出以接受必要的医疗救治。如果劫持者拒绝这一要求,而伤者的伤势又不是非常严重,可以考虑通过电话或视频指导的方式提供远程医疗建议。

然而,除非绝对必要,应避免派遣医疗人员进入劫持区域,因为这样做可能会使医疗人员面临被劫持为人质的风险,从而加剧整个危机。在所有情况下,都应优先考虑人质的安全,并尽量减少危机升级的可能性。通过谨慎的谈判和策略,可以为和平解决劫持事件创造有利条件。

3) 新闻媒体

(1) 应评估劫持者希望接触媒体的动机,是否出于政治目的、个人不满情绪的表达或其他原因。

(2) 将记者视为沟通的中介,并提供具体的指导和注意事项,以确保他们的安全,防止他们成为额外的人质。

(3) 向媒体人员介绍情况并为我方所用,不能让其现场随意发挥。向媒体人员介绍情况,并指导他们如何报道,以确保信息的传播符合我们的策略,避免现场即兴报道可能带来的风险。

(4) 通常不推荐警察伪装成媒体工作人员,因为这可能引起劫持者的怀疑并加剧局势。但在必要时,可以考虑让便衣警察以摄影师等非直接采访角色协助报道。

4) 金钱

金钱如果能够换取人质的安全,是完全可以答应的,但应考虑以下因素。

(1) 需求评估:首先需要评估劫持者对所要求大额资金的真实需求。通常,劫持者索要巨额资金是出于对安全感的缺乏,而非实际需要这么多资金。他们可能将资金作为增加谈判筹码的手段,以确保自己的安全。

(2) 明确支付责任:必须明确谁将承担支付责任,以及支付的具体方式。在这些细节未确定之前,谈判人员不应承诺满足劫持者的要求。

(3) 争取时间:劫持者要求的大额现金可以成为谈判人员争取时间的手段。谈判人员可以利用这一点来降低劫持者的期望值,从而为事件的处置争取更多时间。

(4) 要求回报:如果决定支付一定数额的金钱,应要求劫持者提供相应的回报,如释放部分人质,或允许为受伤的人质医治等。

❷ 不可谈项目

在危情沟通中,如果对方提出以下要求,危情沟通人员要予以拒绝,不可商讨的内容包括:提供武器、提供违禁药或毒品、释放囚犯或同化、交换或更换人质等。

1) 提供武器

不能满足对方枪支弹药的要求,主要原因是不合法,且一旦提供就会增加对方的强势感,从心理上会有更大的对抗能力,态度会更加强硬,气焰会更加嚣张,进而提出更多无理要求,也更难以制服对方。对于劫持者提出的提供武器和弹药的要求,必须予以拒绝。不仅因为这样的行为是非法的,而且一旦武器落入劫持者手中,将会极大地增强他们的力量感和心理优势。这可能导致劫持者采取更加强硬和挑衅的态度,进而提出更多不合理的要求。此外,武装的劫持者将更难被制服,这将对人质的安全和事件的和平解决构成严重威胁。因此,满足劫持者对武器的要求不仅不合法,而且会加剧局势,使得谈判和救援工作变得更加复杂和危险。

2)提供违禁药或毒品

供应违禁药品或毒品是非法的。此外,这些物质可能导致劫持者出现幻觉、偏执和过度怀疑等心理反应,增加事件的不确定性和处理上的复杂性。因此,满足此类要求不仅违反法律,还可能加剧劫持者的不稳定行为,从而使得和平解决危机变得更加困难。

3)释放囚犯或同伙

初始阶段便需明确拒绝劫持者提出的释放囚犯或其同伙的要求,同时应努力引导对方转向其他类型的要求。同意释放囚犯将严重破坏现有的法律体系,并且可能鼓励更多的劫持犯罪行为。此外,这样的要求一旦被接受,将为未来的劫持事件树立危险的先例,从而威胁到社会的安全和法治的尊严。因此,必须坚定地坚守法律立场,同时寻找其他可能的解决方案来满足劫持者的需求,以期达成和平解决危机的目标。

4)交换或更换人质

原则上,不能同意交换或更换人质的要求,主要原因如下。

(1)如果存在劫持者杀害人质的风险,那么更换人质将带来无法承受的道德和法律风险。任何可能导致人质安全受到威胁的行为都是不可接受的。

(2)更换人质的过程可能被劫持者利用,以加强对更多人质的控制。通常,劫持者会在完全控制了新的人质之后才释放原有人质,这一过程中,有些劫持者会利用这种伎俩来骗取更多的谈判筹码。

(3)更换人质可能会增加劫持者的谈判优势,因为他们可能认为新的人质具有更高的价值,从而提高了他们的谈判筹码。这不仅会给谈判人员带来额外的压力,还可能使危机解决变得更加复杂。

然而,在某些特定情境下,并不视为典型的人质交换情形,包括如下几种。

① 当警方有信心利用所谓的人质交换作为接近劫持者并突袭制服对方的战术手段时,这是一种创造战机的策略,并不等同于真正的人质交换。

② 如果在谈判过程中劫持者释放了人质,而谈判人员留在现场继续对话以完成后续谈判,这并不代表谈判人员成为了人质。这通常是谈判进展顺利,和平解决问题接近尾声的迹象。

③ 当劫持者要求离开现场,或警方决定放弃现场处置时,安排便衣警察或公开身份的警察陪同劫持者离开或担任司机,这是一种转移处置地点的战术或欲擒故纵的策略实施。

3 注意事项

1)在谈判过程中,表明对话取得进展的一些关键指标和行为表现

(1)劫持者在谈话内容及其表达情绪上展现出积极的变化,比如语气变得更加合作和理性。

（2）劫持者开始主动与谈判人员沟通，显示出愿意进行更深入交流的开放态度。

（3）任何形式的暴力行为有所减少，例如对人质的伤害行为或开枪次数的降低。

（4）观察到人质被释放的情况，或者在最后期限过后没有发生任何负面事件，这些迹象表明谈判可能正朝着和平解决的方向发展。

2）明知不可谈而要勉强谈

在一些情况下，很明显通过沟通协商不能成功解决危机，但又不得不去谈，原因有几点。

（1）通过沟通协商，可以争取更多的准备时间，有更多时间搜集更多情报信息。

（2）通过沟通协商，可以为武力处置争取时间和机会。

（3）通过沟通协商，可以延迟劫持者伤害人质或其他危害行为的时间，同时分散劫持者的注意力，为人质的安全提供更多保障。

3）拖延时间的原因

在劫持事件中，陷入危机中的劫持者，其态度在很短的时间内（也许只要几个小时）有发生很大转变的可能。

（1）随着时间的推移和劫持者情绪的不断发泄，劫持者会逐渐冷静下来并慢慢恢复理智。

（2）随着时间的推移，劫持者的基本生理需求变得更加明显和急迫。

（3）随着时间的不断延长，人质就有更多的机会逃跑自救。

（4）危机事件处置者的决策和判断不是凭空得来的，而是建立在大量准确情报信息的基础之上的，而采集情报信息是需要花费时间的。

（5）虽然后情沟通人员不断向劫持者传达自己是多么可信、多么值得信赖，但双方之间良好互动关系的建立仍然是需要一段时间的。

（6）时间越长，越有利于产生斯德哥尔摩效应。

六、接受投降

（一）确定接受投降

当劫持者表示愿意结束对峙时，处置人员应持续强调和平解决对各方的积极影响，保持稳定而平和的语气，让劫持者感到这是他自主做出的选择，为他提供一个体面的下台机会。例如，可以这样对劫持者说：

> "当你决定走出来，结束这一切时，你不仅保护了这位先生或女士（指人质）的安全，也给了你的家人和同伴一个安心的消息。我们都希望你能安全地走出来，这样我们都能松一口气。"

（二）讨论具体安排

在讨论投降的具体安排时，处置人员应该耐心地听取劫持者的意见，并且在可能的范围内做出一些合理的调整，让劫持者感到他的意见被重视。同时，也要确保劫持者明白投降后会发生什么，可以这样表达：

"我们理解你可能对一些细节有自己的想法，我们可以一起讨论，看看能不能找到一个双方都能接受的方案。同时，我想让你知道，当你走出来时，会有执法人员在场，但他们的存在是为了确保每个人的安全，包括你的。我们希望这个过程尽可能平和，也希望你知道，我们在这里是为了帮助你。"

（三）行动步骤

1 清理现场

所有人必须空手离开现场，并听从执法人员指示，轮流（先人质，后劫持者）从一个固定出口出来。

2 处理人质

（1）除非非常清楚谁是人质，如果不能断定（特别是有多名劫持者和多名人质时），必须将其视为劫持者，交由执法部门查清。

（2）如果人质没有受到伤害或有轻伤，则应就地治疗，并由执法部门询问。

3 处理劫持者

（1）如果有多名劫持者，在离开现场前先通报姓名。

（2）劫持者必须将所有暴力工具留在现场。

（3）先从犯、后主犯地实施趴下—上铐—搜身—押解步骤。对于愿意投降者，在下指令、上手铐及搜身时，不要过于严厉和粗暴。

（4）劫持者受轻伤应就地医治后交执法部门，严重受伤者则应由两名执法人员押解前往医院。

七、对话技巧

（一）对话要求

在沟通过程中，应做到以下几点。

（1）在面对面谈判过程中，要保持目光接触，做到不卑不亢。

（2）谦逊稳重、有理有节、尊重对方，比如，可以尊称对方为"先生"也可以以"哥""兄弟"等称呼显得更为亲切。要以对等身份跟对方说话，切不可使用命令或高人一等的语气或官方语言进行对话，以防激怒劫持者。

(3) 有耐心、有爱心、有信心,不抢话、不争论、多倾听,尽量让对方发言。

(4) 态度诚恳,在可能的情况下表示同情和理解(认同但不代表认可)。

(5) 强调想帮助对方,令对方感到他并非是无助、孤立无援的。

(6) 不要同时与两个以上的劫持者对话。

(7) 切不可只将注意力放在人质身上,或只关注人质的安危或健康。例如:"那位先生(指人质)流了这么多的血会有生命危险的,你身上有这么多血,你是否也受伤了?"

(8) 让对方放下戒备,感觉你可以信任。

(二)对话禁忌

在沟通过程中,需要注意或避免的地方有以下几点。

(1) 不要忽视或贬低对方的任何请求,避免不假思索地拒绝或频繁使用"不""不行""不可以"等否定词汇。

(2) 当对方情绪激动或有侮辱性言语时,应保持冷静,不要表现出不耐烦或愤怒。

(3) 避免使用高傲的语气,不要以命令的口吻或激烈的措辞去阻止、羞辱、指责或恐吓对方。

(4) 对于对方的一些不合理要求,不要做出无法兑现的虚假承诺。沟通人员应以真诚的态度与对方对话,以建立信任。撒谎一旦被揭穿,后果将非常严重。

(5) 不要主动提出自己的要求或设定期限,例如,"20分钟后,我们的人会准备好你要的东西"。

(6) 不要轻易提出自己或他人替换人质的建议,也不要答应替换人质的请求。

(三)可用技巧

可以采用的对话策略与技巧有以下几点。

(1) 多赞扬对方的正面行为或积极举动。

(2) 声明重视安全,要对所有伤者表示关注。

(3) 主动聆听。在沟通过程中,听比说更重要,对方愿意说给你听,说明他开始信任你,可以肯定对方的感受,但不要认同,从而建立良好关系。

(4) 传递和平解决事件的信息,希望对方能合作,使事件和平解决。

问答题

1. 处于危情状态时,为什么要拖延时间?
2. 民航劫持犯罪案件发生后,危情沟通介入时需要收集哪些信息或情报?
3. 描述民航劫持案件中,现场处置人员在展开对话阶段应遵循的原则和可采取的策略。

在线答题

[1] 田先华.对民航非法干扰行为精准防控模式的探索[J].民航学报,2023(5).
[2] 汪磊,梁妍,张楠,等.民航典型安保突发事件统计分析与防控策略[J].安全,2022(7).
[3] 张志良.安全地飞入新的千年(1999年全球航空保安形势)[J].民航经济与技术,2000(6).
[4] 张志良.还人类一片和平的天空——评1998年的航空保安形势[J].民航经济与技术,1999(5).
[5] 许凌洁.我国民航劫机犯罪的特征及PCC'预防模型研究[J].社会科学研究,2009(1).
[6] 许凌洁.我国民航劫机犯罪特征及原因研究——兼析我国劫机犯罪预测[J].西南民族大学学报(人文社科版),2007(11).
[7] 柳春香.危情沟通与咨商[M].北京:人民公安大学出版社,2020.
[8] 姚琳莉,白文宇.航空安全保卫管理案例教程[M].北京:科学出版社,2017.
[9] 宋文静.民航服务与人际沟通[M].北京:科学出版社,2017.
[10] 罗纳德·B·阿德勒.沟通的艺术:看入人里,看出人外[M].北京:北京联合出版有限公司,2018.
[11] 刘先沐.我国劫持航空器犯罪规律的研究[D].天津:中国民航大学,2022.

附录和附件

附录 A

附录 B

附录 C

附件 A

附件 B

教学支持说明

高等职业学校"十四五"规划民航服务类系列教材系华中科技大学出版社"十四五"期间重点规划教材。

为了改善教学效果,提高教材的使用效率,满足高校授课教师的教学需求,本套教材备有与纸质教材配套的教学课件(PPT电子教案)和拓展资源(案例库、习题库等)。

为保证本教学课件及相关教学资料仅为教材使用者所用,我们将向使用本套教材的高校授课教师赠送教学课件或相关教学资料,烦请授课教师通过电话、邮件或加入民航专家俱乐部QQ群等方式与我们联系,获取"教学课件资源申请表"文档,准确填写后发给我们,我们的联系方式如下:

地址:湖北省武汉市东湖新技术开发区华工科技园华工园六路

邮编:430223

电话:027-81321911

传真:027-81321917

E-mail:lyzjjlb@163.com

民航专家俱乐部QQ群号:799420527

民航专家俱乐部QQ群二维码:

扫一扫二维码,加入群聊。

教学课件资源申请表

填表时间：_____ 年 ___ 月 ___ 日

1. 以下内容请教师按实际情况填写，★为必填项。
2. 学生根据个人情况如实填写，相关内容可以酌情调整提交。

★姓名		★性别	□男 □女	出生年月		★职务	
						★职称	□教授 □副教授 □讲师 □助教

★学校		★院/系	
★教研室		★专业	
★办公电话		家庭电话		★移动电话	
★E-mail（请填写清晰）				★QQ号/微信号	
★联系地址				★邮编	

★现在主授课程情况	学生人数	教材所属出版社	教材满意度
课程一			□满意 □一般 □不满意
课程二			□满意 □一般 □不满意
课程三			□满意 □一般 □不满意
其 他			□满意 □一般 □不满意

教材出版信息						
方向一		□准备写	□写作中	□已成稿	□已出版待修订	□有讲义
方向二		□准备写	□写作中	□已成稿	□已出版待修订	□有讲义
方向三		□准备写	□写作中	□已成稿	□已出版待修订	□有讲义

请教师认真填写表格下列内容，提供索取课件配套教材的相关信息，我社将根据每位教师/学生填表信息的完整性、授课情况与索取课件的相关性，以及教材使用的情况赠送教材的配套课件及相关教学资源。

ISBN（书号）	书名	作者	索取课件简要说明	学生人数（如选作教材）
			□教学 □参考	
			□教学 □参考	

★您对与课件配套的纸质教材的意见和建议，希望提供哪些配套教学资源：